中国 ESG 研究院文库

主　编：钱龙海　柳学信

中国 ESG 发展报告

2021

王大地　孙忠娟　王凯　张晗　主编

China ESG Development
Report 2021

经济管理出版社

ECONOMY & MANAGEMENT PUBLISHING HOUSE

图书在版编目（CIP）数据

中国 ESG 发展报告 . 2021/王大地等主编 . —北京：经济管理出版社，2022. 3
（中国 ESG 研究院文库/钱龙海，柳学信主编）
ISBN 978-7-5096-8332-3

Ⅰ.①中⋯　Ⅱ.①王⋯　Ⅲ.①企业环境管理—研究报告—中国—2021　Ⅳ.①X322. 2

中国版本图书馆 CIP 数据核字（2022）第 037025 号

组稿编辑：梁植睿
责任编辑：梁植睿
责任印制：黄章平
责任校对：张晓燕

出版发行：经济管理出版社
　　　　　（北京市海淀区北蜂窝 8 号中雅大厦 A 座 11 层　100038）
网　　　址：www. E-mp. com. cn
电　　　话：（010）51915602
印　　　刷：唐山玺诚印务有限公司
经　　　销：新华书店
开　　　本：720mm×1000mm/16
印　　　张：13
字　　　数：187 千字
版　　　次：2022 年 3 月第 1 版　　2022 年 3 月第 1 次印刷
书　　　号：ISBN 978-7-5096-8332-3
定　　　价：68. 00 元

中国 ESG 研究院文库编委会

中国 ESG 研究院文库总序

　　环境、社会和治理是当今世界推动企业实现可持续发展的重要抓手，国际上将其称为 ESG。ESG 是环境（Environmental）、社会（Social）和治理（Governance）三个英文单词的首字母缩写，是企业履行环境、社会和治理责任的核心框架及评估体系。为了推动落实可持续发展理念，联合国全球契约组织（UNGC）于 2004 年提出了 ESG 概念，得到各国监管机构及产业界的广泛认同，引起国际多双边组织的高度重视。ESG 将可持续发展包含的丰富内涵予以归纳整合，充分发挥政府、企业、金融机构等主体作用，依托市场化驱动机制，在推动企业落实低碳转型、实现可持续发展等方面形成了一整套具有可操作性的系统方法论。

　　当前，在我国大力发展 ESG 具有重大战略意义。一方面，ESG 是我国经济社会发展全面绿色转型的重要抓手。中央财经委员会第九次会议指出，实现碳达峰、碳中和"是一场广泛而深刻的经济社会系统性变革"，"是党中央经过深思熟虑作出的重大战略决策，事关中华民族永续发展和构建人类命运共同体"。为了如期实现 2030 年前碳达峰、2060 年前碳中和的目标，党的十九届五中全会提出"促进经济社会发展全面绿色转型"的重大部署。从全球范围来看，ESG 可持续发展理念与绿色低碳发展目标高度契合。经过十几年的不断完善，ESG 在包括绿色低碳在内的环境领域已经构建了一整套完备的指标体系，通过联合国全球契约组织等平台推动企业主动承诺改善环境绩效，推动金融机构的 ESG 投资活动改变被投企业行为。目前联合国全球契约组织已经聚集了超过 1.2 万家领军企业，遵循 ESG 理念的投资机构管理的资产规模超过 100 万亿美元，汇聚成为推动绿色低碳发展的强大力量。积极推广 ESG 理念、建立 ESG 披露标准、完善 ESG 信息披露、促进企业 ESG 实践，充分发挥 ESG 投资在推动碳达峰、碳中和过程中的激励约束作用，是我国经济社会发展全面绿色转型的重要抓手。

另一方面，ESG 是我国参与全球经济治理的重要阵地。气候变化、极端天气是人类面临的共同挑战，贫富差距、种族歧视、公平正义、冲突对立是人类面临的重大课题。中国是一个发展中国家，发展不平衡不充分的问题还比较突出；同时，中国也是一个世界大国，对国际社会负有大国责任。2021 年 7 月 1 日，习近平总书记在庆祝中国共产党成立 100 周年大会上的重要讲话中强调，中国始终是世界和平的建设者、全球发展的贡献者、国际秩序的维护者，展现了负责任大国致力于构建人类命运共同体的坚定决心。大力发展 ESG 有利于更好地参与全球经济治理。

大力发展 ESG 需要打造 ESG 生态系统，充分协调政府、企业、投资机构及研究机构等各方关系，在各方共同努力下向全社会推广 ESG 理念。目前，国内关于绿色金融、可持续发展等主题已有多家专业研究机构。首都经济贸易大学作为北京市属重点研究型大学，拥有工商管理、应用经济、管理科学与工程和统计学四个一级学科博士学位点及博士后站，依托国家级重点学科"劳动经济学"、北京市高精尖学科"工商管理"、省部共建协同创新中心（北京市与教育部共建）等研究平台，长期致力于人口、资源与环境、职业安全与健康、企业社会责任、公司治理等 ESG 相关领域的研究，积累了大量科研成果。基于这些研究优势，首都经济贸易大学与第一创业证券股份有限公司、盈富泰克创业投资有限公司等机构于 2020 年 7 月联合发起成立了首都经济贸易大学中国 ESG 研究院（China Environmental, Social and Governance Institute，以下简称研究院）。研究院的宗旨是以高质量的科学研究促进中国企业 ESG 发展，通过科学研究、人才培养、国家智库和企业咨询服务协同发展，成为引领中国 ESG 研究和 ESG 成果开发转化的高端智库。

　　研究院自成立以来，在科学研究、人才培养及对外交流等方面取得了突破性进展。研究院围绕 ESG 理论、ESG 披露标准、ESG 评价及 ESG 案例开展科研攻关，形成了系列研究成果。一些阶段性成果此前已通过不同形式向社会传播，如在《当代经理人》杂志 2020 年第 3 期 "ESG 研究专题" 中发表，在 2021 年 1 月 9 日研究院主办的首届 "中国 ESG 论坛" 上发布等，产生了较大的影响力。近期，研究院将前期研究课题的最终成果进行了汇总整理，并以 "中国 ESG 研究院文库" 的形式出版。这套文库的出版，能够多角度、全方位地反映中国 ESG 实践与理论研究的最新进展和成果，既有利于全面推广 ESG 理念，也可以为政府部门制定 ESG 政策和企业开展 ESG 实践提供重要参考。

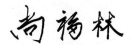

首都经济贸易大学中国 ESG 研究院

中国 ESG 年度发展报告课题组成员

课题负责人：柳学信
课题协调人：王大地　孙忠娟　王　凯　张　晗

各章研究人员：
第 1 章：杜泽民　王大地
第 2 章：郑珊珊　严一锋　潘海怡　王大地
第 3 章：王艺颖　王大地
第 4 章：柳学信　孙忠娟　罗　伊　边　展
　　　　　陆文婷　梁　晗　孙为政　彭　昊
　　　　　马文良　施新伟　郭珺妍　王艺颖
第 5 章：张天华　刘　柳　王　凯
第 6 章：杜泽民　郑珊珊　王艺颖　蔡　凝
　　　　　任瑶瑶　王大地
第 7 章：张　晗　张学平
第 8 章：黄　洁　任瑶瑶

前　言

　　2021 年是充满挑战的一年，新冠肺炎疫情继续蔓延、全球贫富差距持续拉大、环境气候问题愈加严重、地区冲突不断，全球人类面临着各种各样的严峻问题。中国作为全球第二大经济体和最大的发展中国家，于 2020 年提出关乎国家永续发展与人类命运共同体构建的"碳达峰、碳中和"重大战略决策，并从 2021 年开始陆续发布相应的政策。

　　国际和国内的新形势给企业带来了新问题、新要求和新机遇。值此之际，中国 ESG 研究院推出《中国 ESG 发展报告 2021》，力求全面、翔实和准确地展现中国 ESG 发展的现状与态势，从信息披露和评价等方面为企业助力国家战略实施和践行 ESG 理念提供方法与工具。报告共分为八章，要点如下：

　　第 1 章从生态系统、投资发展、政策法规等多个方面梳理全球 ESG 发展现状与趋势。

　　第 2 章聚焦中国 ESG 实践历程，从生态系统、投资规模和金融产品三方面呈现当前中国 ESG 发展的态势。

　　第 3 章着力于整理和分析中国与 ESG 相关的政策法规，以期厘清政策法规的发展脉络。

　　第 4 章的主题是中国企业 ESG 信息披露，包括对于披露现状的分析和中国 ESG 研究院 ESG 披露标准的构建。在现状分析方面，报告系统收集和整理了中国所有上市企业近年来发布的 ESG 相关信息，呈现和分析中国企业 ESG 报告的发布率、ESG 细分指标的披露率以及不同类型企业的 ESG 信息披露情况。中国 ESG 研究院 ESG 披露标准采用"通用标准+行业实质性议题"的"1+N"体系构建,其中"1"代表适用于所有企业 ESG 信息披露的通用标准,"N"代表适用于特定行业内企业的 ESG 信息披露的行业细分标准。标准的构建过程遵循实质性、集成性和系统性原则,考察资源消耗、防治行为、废物排放、劳工权益、产品责任、社区响应、时代使命、治理结构、治理机制、治理效能十个方面的因素。该标准可指导企业根据关键 ESG 议题进行治理实践和信息披露,可有力推动企业可持续发展和促进经济高质量发展。

第 5 章的主题是中国企业 ESG 评价。该章阐述中国 ESG 研究院的中国企业 ESG 评价体系与评价结果。内容包括评价体系的构建思路、评价体系的各组成部分和权重、全行业评价结果,以及制造业、采矿业、建筑业、金融业等 17 个行业的评价结果,以期全面展现不同行业内企业的 ESG 表现。

第 6 章的主题是 ESG 与碳达峰、碳中和。介绍碳达峰、碳中和战略的背景,阐述碳达峰、碳中和与 ESG 的关联,并从 ESG 三个维度分析 ESG 推动碳达峰、碳中和实现的可能途径。

第 7 章呈现优秀企业案例。分析优秀企业如何在员工中凝聚 ESG 共识,如何确立 ESG 实质性议题,如何建立企业 ESG 治理体系,以及践行 ESG 理念所采取的具体措施。

第 8 章从信息披露、评价、投资等多方面分析当前中国 ESG 发展的挑战与机遇。

目　录

第1章 全球 ESG 发展概述

1.1 全球 ESG 生态系统

ESG 生态系统主要包括政府、企业、标准制定机构、评价机构、投资者，以及包含高校和智库在内的非营利性机构。

（1）政府（含立法机关、监管机构）的主要任务是制定法规政策和监督法规政策的实施。政府对 ESG 问题的态度在很大程度上决定了 ESG 的发展方向，而企业对 ESG 的态度无疑会受到政府的影响。此外，同一政府对于 E、S、G 三方面的具体问题也可能采取不同态度。从宏观层面来看，当前越来越多的政府已经或正在将 ESG 问题纳入立法和监管范围。从全球范围来看，各国政府采用的政策法规可分为两类，即企业可自愿参与的、带有激励性质的软性政策法规和具有强制性的硬性政策法规。由于政府的更替，一些国家（如加拿大和澳大利亚）在 ESG 相关问题上的立场可能会出现摇摆。但是纵览过往 20 年左右的历史，这些立场的摇摆都是暂时的，ESG 成为政府关注并着力推动的热点，这一趋势不会改变。

（2）企业是人类经济活动的基本单元，也是践行 ESG 的主体。企业的态度和行为对于 ESG 的发展乃至整个人类社会的可持续发展起决定性作用。在某些特定 ESG 和可持续发展议题上，政府的作用有很大的局限性，企业可以有效弥补政府作用的缺失。一个突出的例子就是气候变化。越来越多的学者意识到政府行为的局限性，转而把目光投向其他组织群体。鉴于减少全球温室气体排放需要人类社会的集体行动，诺贝尔经济学奖获得者埃莉诺·奥斯特罗姆（Elinor Ostrom）提出，处理气候变化问题需要采用多中心策略。在多中心策略中，企业应对气候变化的方法方式起到至关重要的作用。政策法律和市场环境的变化也在促使企业更积极地拥抱 ESG 理念。例如，在气候变化问题上，已经有一些国家要求企业披露气候变化相关信息，满足温室气体排放配额。而市场影响企业的渠道主要有两个，一是消费者对企业的影响，二是投资人对企业的影响。

（3）标准制定机构在 ESG 的发展过程中起着至关重要的作用。由于目前 ESG 相关信息的披露主要是企业自主行为，不同企业披露信息的类别和格式往往有较大差异性，这为公正、客观、准确地评价 ESG 表现带来了困难。标准制定机构通过制定和推广 ESG 披露标准，促使企业采用规范化和系统性的方式披露 ESG 信息，从而有力地推动 ESG 发展。标准制定机构通常是由国际机构、金融机构和学术机构发起成立的非营利性组织。当前，具有较大影响力的 ESG 标准制定机构包括全球报告倡议组织（Global Reporting Initiative，GRI）、可持续发展会计准则委员会（Sustainability Accounting Standards Board，SASB）、国际综合报告委员会（International Integrated Reporting Council，IIRC）①、国际可持续发展准则理事会（International Sustainability Standards Board，ISSB）、气候相关财务信息披露小组（Task Force on Climate-related Financial Disclosures，TCFD）等。

（4）评价机构的主要工作内容包括构建评价体系、设计评价指标、收集相关数据、指标打分和评价结果发布等，其主要目标是为投资者提供 ESG 评价结果和基于评价结果的投资建议。不同评价机构往往采用不同的指标、量化方法和打分机制，其评价结果也往往呈现出较大的差异性。

---

① 2021 年 6 月，SASB 与 IIRC 合并为价值报告基金会（Value Reporting Foundation，VRF）。

目前主导全球市场的 ESG 评价机构主要有明晟（MSCI）、汤森路透（Thomson Reuters）、富时罗素（FTSE Russell）、路孚特（Refinitiv）、晨星（Morningstar）下辖的 Sustainalytics 等。近几年，富有巨大影响力的三大信用评价机构也通过收购方式进入 ESG 评价领域。

（5）投资者是践行和推广 ESG 理念的主要力量。越来越多的投资者意识到企业的 ESG 表现可能会影响企业财务绩效，逐渐将 ESG 因素纳入投资决策的考虑范围内。在这方面尤其具有风向标地位的是规模庞大的机构投资者，如大型共同基金、养老基金和国家主权基金。例如，共同基金巨头富达基金早于 2012 年签署了《联合国责任投资原则》（UN Principles for Responsible Investment，简称 UN PRI 或 PRI），并承诺："对富达基金而言，将环境、社会及治理议题纳入考虑是制定投资决策的一部分"，这是因为富达相信，投资 ESG 方面"表现好的企业，能增进和保障客户的投资回报"。规模超万亿美元的挪威 Norges Bank Investment Management 基金作为全球规模最大的国家主权基金，从 2015 年开始依据 ESG 因素制定不予投资的企业负面清单，并在官网实时更新发布。

（6）高校和智库等非营利性机构在推动 ESG 的发展中也起着至关重要的作用。这些机构通过课程教育和政策咨询等形式，推动 ESG 理念传播与实践。目前，主要发达国家的商学院已经开始开设 ESG 理论与投资相关课程，并开始将 ESG 的要素纳入传统课程的教学中去。《金融时报》为此设立了"负责任的商业教育"奖，奖励在此方面表现出色的高校与个人。此外，非营利性机构也可承担企业、投资者及其他利益相关者间的沟通工作。部分机构也开展 ESG 数据的收集和评估工作。例如，总部位于英国伦敦的全球环境信息研究中心［前身为碳披露项目（Carbon Disclosure Project，CDP）］从 2003 年起，每年通过问卷的形式收集全球企业应对气候变化的数据，构建了该领域最有影响力的数据库。

随着 ESG 理念在全球普及，ESG 生态系统不断发展壮大。联合国责任投资原则组织由联合国前秘书长科菲·安南于 2006 年发起成立，主要宗旨是帮助投资人理解环境、社会责任和公司治理对投资的影响，并帮助签约的机构和投资人将这些因素融入投资与决策当中。近年来，不断有企业和机构加入 UN PRI。截至 2021 年 9 月，全球已有 4377 家投资机构签署了 UN PRI（见图 1.1），其所有成员管理的资产规模达到了 121.3 万亿美元（见图 1.2）。特别是进入到 2021 年后，受到新冠肺炎疫情的影响，越来越多的公司与机构开始意识到 ESG 理念的重要性，签署机构的数量增速提高。

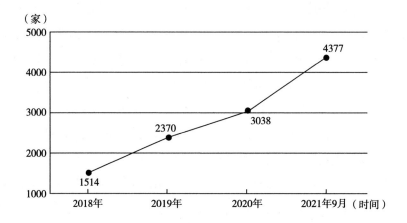

图 1.1　2018 年至 2021 年 9 月 UN PRI 成员数量

资料来源：UN PRI 官网。

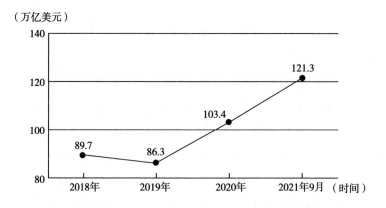

图 1.2　2018 年至 2021 年 9 月 UN PRI 成员管理资产总额

资料来源：UN PRI 官网。

除针对投资者的 UN PRI 外，联合国又推出了针对银行业的负责任银行原则（Principles for Responsible Banking，PRB），确保签署的银行和保险机构符合在可持续发展目标和《巴黎协定》中为其未来设定的愿景。截至 2022 年 3 月，全球共有 275 家包括商业银行、投资银行和资产管理公司在内的金融机构签署了 PRB。

全球可持续投资联盟（Global Sustainable Investment Alliance，GSIA）数据显示，2020 年，美国、欧洲、加拿大、澳大利亚和日本的 ESG 投资总额已经达到了 35.3 万亿美元，取得了快速的发展。这五个主要 ESG 投资市场的 ESG 投资规模占其资产管理总额比例的变化如表 1.1 所示。相较于 2018 年，2020 年加拿大的 ESG 投资增长幅度为 48%，美国的 ESG 投资增长幅度为 42%，日本的 ESG 投资增长幅度为 34%，澳大利亚的 ESG 投资增长幅度为 25%，欧洲在可持续金融行动计划的影响下 2020 年的 ESG 投资下降了 13%。

表 1.1 五个主要 ESG 投资市场 ESG 投资规模占其资产管理总额比例

单位:%

市场	2014 年	2016 年	2018 年	2020 年
美国	17.9	21.6	25.7	33
欧洲	58.8	52.6	48.8	42
加拿大	31.3	37.8	50.6	62
澳大利亚	16.6	50.6	63.2	38
日本	—	3.4	18.3	24

资料来源：GSIA 官网。

全球绿色债券规模不断扩大。作为固定收益板块中与可持续性或环境、社会及治理投资相关的关键因素，绿色债券已经越来越受到重视。通俗来讲，ESG 绿色债券就是一种融资工具，专门为可以对环境或者气候做出积极影响的项目提供充足的资金保障。面对全球气候的不断变化，各个国家的中央银行已经开始逐步将 ESG 因素纳入储备资产管理，推出绿色债券就是主要的一种方式。而企业在债券投资组合选择当中选择绿色债券的优势就是可以增加对可持续发展投资的持仓，践行可持续发展理念，依靠响应未来发展主题进行更加多元化的资源配置，从而获得更大竞争力。

截至 2021 年 3 月，全球累计发行绿色债券规模超过 1 万亿美元，仅 2020 年新增绿色债券发行量就达到了 2700 亿美元，2019~2021 年年均增长率接近 30%（受新冠肺炎疫情影响，2021 年环比增长率有所下降）。根据晨星公司的数据，截至 2021 年 5 月底，全球 ESG 债券销售额达到 540 亿美元，而 2020 年全年 ESG 债券销售额为 680 亿美元。截至 2021 年 5 月，ESG 债券基金所管理的总资产规模增长 14%，达到 3740 亿美元。此外，贴标绿色主权债发展出现了新的趋势。气候债券倡议组织（Climate Bonds Initiative，CBI）的数据显示，截至 2021 年，全球已有 22 个国家政府发行了贴标绿色主权债，总值达到 960 亿美元。

1.2　ESG 投资发展

气候变化对于全球来说都是一个系统性的威胁，因此全球各国开始承诺将减少碳排放，力争达到"碳中和"。近些年，我们已经可以看到全球化石能源使用的减少，新能源和可再生能源逐渐成为主要使用能源。与此同时，全球也陆续推出了许多 ESG 可持续发展基金和绿色债券，投资者也更多地将 ESG 因素考虑到投资决策当中，以期做出更具备可持续性的投资和回报。面对众多的 ESG 基金，投资者需要作出最适合的投资决策。瑞银集团（UBS Group AG）将 ESG 投资策略分为五大类：标准剔除法（包括撤资）、筛选及可持续评估、尽职参与管理、聚焦可持续投资以及影响力投资。

1.3　ESG 政策法规

1.3.1　欧洲 ESG 政策法规

在 ESG 政策方面，欧洲国家是全球范围内的先行者和领导者。2014
年，欧盟发布了《非财务信息报告指令》（Non-financial Reporting Direc-
tive），强制要求规模超过 500 名员工的企业从 2018 年起在年报中披露
ESG 相关信息。对于披露的标准，欧盟未做具体要求，企业可选择适宜
的标准披露信息。2019 年，欧盟出台了针对金融业的《可持续金融披露
规范》（Sustainable Finance Disclosure Regulation，SFDR）。SFDR 强制要求
欧盟金融市场参与者披露 ESG 信息，本身位于欧盟外但是在欧盟市场内
发行金融产品的机构亦受其约束。SFDR 要求金融市场参与者在企业和产
品（ESG 相关的金融产品）两个层面披露 ESG 信息，包括可持续发展的
风险如何纳入决策，以及投资对于可持续发展议题的主要负面影响。
SFDR 已于 2021 年 3 月生效，其影响还有待观察。欧盟与美国在 ESG 相
关议题上的最大分歧是气候变化问题。2002 年欧盟通过了《京都议定
书》，并于 2005 年启动了欧盟温室气体排放交易体系（European Union
Emissions Trading System，EU ETS）。除欧盟整体的政策规定之外，部分
成员国也开始采取额外措施，将 EU ETS 未涵盖的排放设施和工厂纳入监
管；也有国家推出了发展可再生能源和提高能源利用率的项目。

1.3.2　美洲 ESG 政策法规

对于部分 ESG 议题，如特定污染物排放、生产安全和歧视，美国联
邦和州两个层面都有诸多法规强制企业披露信息，但尚未有针对全面 ESG
信息披露的专门立法。美国证券交易委员会（United States Securities and

Exchange Commission，SEC）负有监管企业信息披露的责任，但其一直拒绝制定专门的 ESG 信息披露法规。SEC 更倾向于在现有法规框架下，通过法规修订将少量零散的 ESG 披露要求纳入监管。鉴于披露法规的缺失，美国企业的 ESG 信息披露主要来自企业的自主行为和关联企业的要求。例如，BlackRock 要求所有接受其投资的企业自 2020 年起，须按照 TCFD 标准披露其气候变化相关信息。气候变化是美国国内最具争议性的 ESG 议题。美国曾于 1998 年签订《京都议定书》，但在 2004 年以"减少温室气体排放将会影响美国经济发展"为由宣布拒绝执行。美国于 2016 年批准了《巴黎协定》，但于 2020 年 11 月退出，又于 2021 年重新加入。在联邦层面，美国目前最主要的温室气体排放政策是环境保护署推出的"温室气体报告项目"（Greenhouse Gas Reporting Program，GHGRP）。温室气体报告项目是一项针对每年二氧化碳排放量大于 25000 吨的工厂和设施的强制性报告计划，旨在更准确地掌握全国温室气体的排放情况，环境保护署收到报告数据后会通过官网向公众公开相关信息。由于政治原因，美国尚未出台限制温室气体排放的联邦政策或法规。但在州层面，部分州制定了比联邦更加积极的政策。例如，美国东北部的 10 个州于 2009 年启动了针对电力行业的地区性温室气体排放交易系统。加利福尼亚州于 2012 年也启动了类似的排放交易系统。

近十年来，加拿大不断研究出台新政策和法规，完善原有法律法规，逐步规范和细化市场各参与方对 ESG 要素的考量及信息披露的要求，为 ESG 投资的发展奠定制度基础。2019 年 8 月，加拿大证券管理局发布《CSA 员工通告 51-358：气候变化相关风险报告》，让投资者们更加了解公司商业模式的可持续性以及与气候变化有关的机会与风险。

1.3.3 亚洲 ESG 政策法规

日本没有强制 ESG 信息披露的法规。在具体的 ESG 议题上，日本通常不如欧盟积极。例如，日本参加了《京都议定书》所规定的第一承诺期（2008～2012 年），但在 2012 年后，日本政府表示基于公平性和效率性的原因，拒绝继续履行《京都议定书》规定的减排目标，至此日本实质上已经退出了该国际条约。当前，日本最主要的气候政策是"自愿减排交易体系"（Japan's Voluntary Emissions Trading Scheme，JVETS）和"日本环境自主行动计划"。这些项目完全依赖企业自愿参与，无法对企业施加足够的约束力，同时也存在缺乏一致性、透明度低等问题。

阿联酋在宏观战略上十分注重经济与环境的协同发展。2010 年 2 月，阿联酋内阁推出《阿联酋愿景 2021》，将可持续发展置于阿联酋未来几十年的发展核心。阿联酋有两家证券交易所正式加入联合国可持续证券交易所倡议（Sustainable Stock Exchange，SSE），分别是迪拜金融市场和阿布扎比证券交易所，但是这两家交易所都没有强制要求企业披露 ESG 信息。

印度对企业的 ESG 治理是从 CSR 政策中演变而来的。早在 2009 年 12 月，印度政府公司事务部便发布《企业社会责任自愿守则》。在此基础上，2020 年 8 月，印度商业责任报告委员会发布《企业责任和可持续报告》，印度证券交易委员会推出综合披露与简洁披露两套披露标准，逐步提高了企业的可持续责任要求。

1.4　ESG 披露与评价

GRI 和 SASB 等国际标准制定机构均发布了多种框架和指引以指导企业 ESG 信息披露。2009 年，联合国贸发会议、环境规划署金融行动、责任投资倡议组织和全球契约组织等共同发起了可持续证券交易所倡议，积极推动各国主要交易所发布 ESG 相关原则和指引，提高 ESG 信息披露程度。目前全球包括美国、德国、加拿大、澳大利亚、印度、巴西、马来西亚、中国香港等发达经济体和新兴市场经济体证券交易所均已提出 ESG 信息披露要求，多数以自愿披露为主，部分交易所强制披露 ESG 信息。从全球来看，与企业可持续发展相关的非财务信息披露和考核标准还在形成阶段，其中主要的发展力量来自几个行业组织和自发的标准制定机构。国际上典型的 ESG 信息披露标准包括 GRI、SASB、TCFD、IIRC、CDP 等。其中历史相对较长、影响力较大的应该是 GRI 与 SASB 标准。依据毕马威（KPMG）2015 年和 2017 年发布的企业社会责任调查报告，GRI 标准是全球最为广泛使用的披露框架，在欧洲企业中尤其普遍。美国企业较为流行采用 SASB 标准进行一般性披露，并辅以 TCFD 标准进行气候相关问题披露。这些标准在指标体系、侧重点、主要目标、应用范围等方面各具特点。

1.4.1 国际尚无统一的 ESG 评价体系

目前，全球 ESG 投资规模稳步增长，越来越多的企业开始将 ESG 理念考虑进公司战略制定当中。伴随着 ESG 投资的发展，ESG 评价体系也取得了巨大的发展，学术机构、咨询公司、基金公司、评级机构和国际组织等各类主体提出了多达几十种 ESG 评价体系。这些评价体系着力于构建能够反映企业 ESG 表现的标准化指标，从而为 ESG 评价提供一个有序可行的组织化框架。目前主导全球市场的 ESG 评级机构主要有 MSCI、汤森路透、富时罗素、路孚特、标普、Sustainalytics、CDP 等。虽然全球各 ESG 评价体系在逐步完善标准制定，但到目前为止，全球依然没有统一的 ESG 评价标准和评价方法。各评价机构的评价标准、评价方法难以统一，这就导致对企业的 ESG 评级出现不一致的结果。我们经常发现某一家公司在评价体系 A 中获得较低的评分，但在评价体系 B 和评价体系 C 的评级中获得较高的评分，这往往会误导投资者的决策。

1.4.2 ESG 评价机构出现整合的趋势

值得庆幸的是，全球各 ESG 评价体系已经出现了整合的趋势。整合往往通过不同机构间的合作或合并来达成。2021 年 6 月，可持续发展会计准则委员会（Sustainability Accounting Standards Board，SASB）与国际综合报告委员会（International Integrated Reporting Council，IIRC）合并为新机构价值报告基金会（Value Reporting Foundation，VRF）。VRF 对 SASB 和 IIRC 原有的标准进行整合，以期为投资者和公司提供更加全面、可靠和一致的披露标准和工具。

2021 年 11 月 3 日，在格拉斯哥召开的应对全球气候变化和迫切问题的联合全球首脑会议上（COP26），国际财务报告准则基金会（International Financial Reporting Standards Foundation，IFRS Foundation）宣布成立国际可持续发展准则理事会（International Sustainability Standards Board，ISSB）。ISSB 从公众利益出发，通过制定综合性的全球高质量可持续信息披露基准标准，来更好地服务投资者。ISSB 计划在 2022 年 6 月前，完成对气候披露准则理事会（Climate Disclosure Standards Board，CDSB）和价值报告基金会（VRF）的整合，将两者的资源纳入 ISSB。2022 年 1 月，IFRS Foundation 已经完成了 CDSB 的整合，VRF 的整合工作还在进行中。

1.5   ESG 风险事件

近年来，有关企业 ESG 方面的丑闻事件频发，在一定程度上反映了政府机构、投资者和消费者等各个群体对 ESG 领域的关注度不断提升，同时也意味着企业道德、环境责任、公司治理等非财务因素已成为不可忽视的重要风险。

2018 年 Facebook 数据泄露事件导致 Facebook 的股价在一周内下跌 7%，市值蒸发 360 多亿美元。因为该事件所引发的用户信任危机，从根本上破坏了其商业根基。2020 年，氢燃料电动卡车企业 Nikola 的"滑行门事件"给企业带来了巨大的损失，股价从 2020 年 6 月的 79.73 美元跌到 2020 年 9 月的 17 美元。2020 年瑞幸咖啡的财务造假事件，对品牌形象造成了巨大的影响，带来了一系列负面影响，最终被处以 1.8 亿美元的罚款，股价也遭遇暴跌。

1.6 气候变化与 ESG

拉尼娜现象导致 2021 年的冬天更寒冷、全球平均气温持续攀升、全球海冰范围达历史最低点等气候变化问题频发给全球带来了许多现实威胁，气候变化已经成为一项跨越国界的全球性挑战。

2021 年 10 月 31 日，《联合国气候变化框架公约》第 26 次缔约方大会（COP26）在英国格拉斯哥顺利召开，这是自《巴黎协定》进入实施阶段以来的首次气候大会。大会主席阿罗克·沙马（Alok Sharma）在开幕式上表示"COP26 是实现《巴黎协定》最后和最好的机会"。因为 2011~2020 年是 1850 年来最暖的十年，2020 年亚洲陆地表面温度比常年平均温度高出 1.06℃，是 20 世纪以来最暖的一年。为了避免气候灾难，人类必须在未来十年内将温室气体排放减少一半以上。《巴黎协定》缺乏实现温室气体排放达标所需的具体承诺，因此，COP26 被视为将世界从气候变化临界点拉回的"最后和最好的机会"。

此外，2021 年 2 月 19 日，美国宣布重返《巴黎协定》，正式重新成为《巴黎协定》的一员，并承诺将会在未来做出行动来改善全球环境问题。

1.7 其他趋势与小结

1.7.1 公司员工越来越关注企业 ESG 表现

ESG 理念在全球不断快速发展，不仅企业开始关注 ESG 问题，越来越多的员工也开始将企业 ESG 表现作为选择工作的关键因素。特别是

"千禧一代"，他们的数量占据了当前全球劳动力的 34%以上，已经成为当今的主要劳动人口，而这些人更加关注企业 ESG 的表现。2019 年美国商业杂志 *FAST Company* 的一项调查研究发现，超过 70%的员工更愿意在 ESG 表现更好的企业工作；40%的员工表示之所以在现在公司工作是因为该公司展现了良好的可持续发展的潜力；还有 80%的员工表示如果公司在未来有完善的可持续发展战略规划，他们会考虑继续为公司工作；此外，还有 30%的员工表示之前的离职原因是原企业缺乏对 ESG 问题的关注。

1.7.2　公司高管薪酬与公司 ESG 表现挂钩

随着 ESG 实践的不断推进，投资者和企业所有者不仅关注企业自身 ESG 表现，并且出现了一种趋势：将企业高管的薪酬与企业 ESG 表现和目标实现挂钩，以此激励管理层高效完成企业制订的 ESG 计划，实现企业可持续发展。

例如，施耐德电气公司是最早将高管薪酬与公司 ESG 表现挂钩的企业之一。其在 2005 年开始重视企业的社会责任表现，一直到 2012 年，首席执行官赵国华（Jean-Pascal Tricoire）的奖金和长期股票奖励正式与公司可持续发展目标完成情况挂钩。自 2019 年以来，除首席执行官外，施耐德电气所有六万余名员工的奖金中有 10%开始和可持续目标相挂钩。

根据 ESG 数据提供商 ISS 的调查，截至 2020 年底，富时罗素 100 指数中有 24 家公司、标准普尔 500 指数中有 20 家公司开始将高管薪酬与公司 ESG 表现挂钩。虽然数量还较少，但是从基数来看，2019 ~ 2020 年，开始采取这种策略的公司数量翻了一番，而且德勤 2021 年 9 月的一项调查显示，未来两年内还将会有超过 24%的受访公司将高管薪酬与公司 ESG 表现或气候措施挂钩。

通过对全球 ESG 实践进行梳理，可以总结以下几点：首先，全球 ESG 实践已经形成了一个集政府、企业、ESG 标准制定机构、评价机构、投资者和非营利性组织为一体的成熟完备生态系统。每一个单元都具备独特且不可替代的属性，协同配合保证了 ESG 实践的稳步发展。在 ESG 评价机构方面，虽然 ESG 披露标准和评价标准众多，但是全球尚无统一的 ESG 评价标准，难以做到对企业 ESG 评价结果的一致性，常常导致同一家公司在被不同评价公司评价时出现了不同的评价结果，给投资人的决策带来了诸多干扰。不过值得庆幸的是，ESG 评价体系已经出现了整合的趋势，相信在不远的将来，全球 ESG 评价机构将就评价标准这一问题达成统一，更好地服务于全球投资者。此外，ESG 的评价对象已经从企业层面扩展到了国家层面，评价机构开始对国家进行 ESG 评级，评估国家面临的 ESG 风险，进而评估由国家或者政府发行的主权债券潜在的风险。

其次，受到"碳中和"目标和可持续发展理念的影响，全球的 ESG 投资规模和 ESG 债券规模不断扩大，PRI 所有成员管理的资产规模由 2020 年的 103.4 万亿美元增长到了 2021 年的 121.3 万亿美元，PRI 成员数量由 2020 年的 3038 家增长到 2021 年的 4377 家；全球五个主要 ESG 投资市场投资总规模在 2020 年达到了 35.3 万亿美元，占其总投资规模的比例逐年上升，其中加拿大 ESG 投资规模占到了其投资总额的 62% 以上。随着 ESG 理念在全球范围的快速普及，近些年绿色债券也受到了更多投资者的青睐。截至 2021 年 3 月，全球累计发行绿色债券规模超过 1 万亿美元，2019~2021 年的绿色债券年均增长率接近 30%。ESG 投资规模和绿色债券规模的不断扩大，也衍生出了更多的 ESG 投资策略，包括标准剔除法（包括撤资）、筛选及可持续评估、尽职参与管理、聚焦可持续投资策略以及影响力投资五种方法（瑞银 UBS ESG 投资策略）。其中，针对一些特定行业的企业，投资者应该选择撤资还是尽职参与的投资策略，企业界和学术界出现了不同的声音，展开了激烈的争论。

最后，全球 ESG 实践出现了一些新的趋势。第一，全球持续关注"气候变化"议题，COP26 的召开，是《巴黎协定》的补充；美国重返《巴黎协定》也将有助于全球气候的改善。第二，公司治理出现一种新的模式——公司高管薪酬与公司 ESG 表现挂钩，这样做是为了高管可以高效完成公司制订的 ESG 计划，实现可持续发展，并符合公司股东长期价值。第三，公司员工也更加注重公司 ESG 表现，开始将其作为选择工作的重要标准之一。

第2章 中国 ESG 发展实践

2.1 中国 ESG 生态系统

2.1.1 政府

从宏观层面来看，ESG 已成为政府关注并着力推动的热点，中国政府也致力于完善与本国资本市场相匹配的 ESG 相关政策。2020 年，银保监会发布《关于推动银行业和保险业高质量发展的指导意见》，指出银行业金融机构须将环境、社会、治理要求纳入授信全流程，强化环境、社会和治理信息披露。2021 年，生态环境部印发《环境信息依法披露制度改革方案》，旨在推动建立和完善上市公司强制性环境信息披露制度，督促上市公司履行环境保护社会责任。同年，证监会修订《公开发行证券的公司信息披露内容与格式准则第 2 号——年度报告的内容与格式》，新增"环境和社会责任"章节，要求上市公司披露因环境问题受到行政处罚的情况，鼓励披露碳减排措施与成效。

2.1.2 企业

在某些特定 ESG 议题上，除政府行为外，还需要企业的行动和参与。

一方面，政策法规环境促使企业更积极拥抱 ESG 理念。例如在气候变化问题上，2019 年，香港联合交易所修订《环境、社会及管治报告指引》，要求上市企业描述气候变化所带来的重大影响及相应的解决方案。2020年，中国生态环境部、国家发改委等五部门联合发布《关于促进应对气候变化投融资的指导意见》，推动建立企业公开承诺、信息依法公示、社会广泛监督的气候信息披露制度。另一方面，市场环境变化推动企业更积极拥抱 ESG 理念。具有环保和社会意识的消费者和投资者在进行决策时会优先选择 ESG 表现良好的企业。

2.1.3 标准制定机构

标准制定机构通过制定和推广 ESG 披露标准，促使企业采用规范化和系统性的方式披露 ESG 信息，从而有力推动 ESG 发展。目前，中国上市企业 ESG 信息披露主要依靠政府部门引导，交易所出台相关政策细化落实。同时，行业协会和其他机构对此也发布了相关的指引和意见。2015年，国家质检总局和国家标准委联合发布我国社会责任领域第一份国家层面的标准性文件——《社会责任报告编写指南》（GB/T 36001—2015）。2017 年，由中国社会科学院编制的《中国企业社会责任报告编写指南 4.0（CASS-CSR4.0）》在北京发布。这对规范我国企业社会责任报告编制、推动我国企业履行社会责任具有重要的积极作用。在更加完整和全面的ESG 信息披露方面，首都经济贸易大学中国 ESG 研究院于 2022 年推出了企业 ESG 信息披露的"1+N"标准体系，其中"1"代表各行业通用标准，"N"代表行业特定标准，以期为各类企业信息披露提供基础设施支持，详情请见第 4 章。

2.1.4 数据提供机构

一般来说，获取 ESG 数据主要有两种渠道：一种是企业根据信息披露的原则和指引，在半年报、年报、社会责任报告或 ESG 报告中主动披露的 ESG 信息；另一种是由数据提供机构从政府部门、非营利性组织或各新闻媒体所发布的公开信息中采集而来的以 ESG 风险事件为主的 ESG 信息。近年来，国内从事 ESG 数据服务的机构不断涌现，包括妙盈科技、商道融绿、商道纵横、百观科技、万得（Wind）、润灵环球、华证、CTI 华测检测等。通常这些机构的业务并不仅限于数据提供，也可能提供从数据中衍生出的服务，例如 ESG 评价、投资策略开发、指数编制和报告编写。绝大多数机构主要提供 A 股上市公司的 ESG 表现数据，少量机构开始关注其他市场的 ESG 数据。例如中国 ESG 研究院与第一创业合作，构建了城投债 ESG 数据库，这大大拓展了 ESG 的应用空间。

2.1.5 评价机构

ESG 评价机构的主要工作内容包括构建评价体系、设计评价指标、收集相关数据、指标打分和评价结果发布等，其主要目标是为投资者提供 ESG 评价结果和基于评价结果的投资建议。现阶段，国内主流的 ESG 评价机构包括华证、润灵环球、中国 ESG 研究院、商道融绿和社会价值投资联盟（简称"社投盟"）等。从数据范围上，华证的覆盖范围相对较广，涵盖全部 A 股上市公司，而其余评价机构仅涵盖中证 800 或沪深 300 上市公司。从指标设计上，它们将气候变化、资源消耗、社区投资和董事会结构等重要议题细化为不同的关键指标，结合中国市场特点构建独特的评价体系。以华证为例，华证的 ESG 评价体系涉及企业在环境、社会和治理三个方面 14 个议题下的 26 项关键指标，其中包括环境方面的 5 个议题（内部管理体系、经营目标、绿色产品、外部认证、违规事件）、社会方面的 4 个议题（制度体系、经营活动、社会贡献、外部认证）以及治理方面的 5 个议题（制度体系、治理结构、经营活动、运营风险、外部风险）。从评价结果上，润灵环球采用得分制（0～10 分）进行呈现，而华证、商道融绿和社投盟均采用等级制（如华证为 AAA～C 九个等级）。此外，部分评价机构还根据评价结果进一步构建相关指数产品，其中华证提供"华证 ESG 领先指数"，社投盟提供"可持续发展 100 指数"，商道融绿提供"ESG 美好 50 指数"。2022 年，首都经济贸易大学中国 ESG 研究院完成了中国所有上市企业的 ESG 评价，详情请见第 5 章。

2.1.6　投资者

随着全球对新冠肺炎疫情期间的经济复苏以及应对气候变化挑战的强烈关注，越来越多的国家将 ESG 因素纳入投资决策的考虑范围，更进一步地探讨和实践责任投资。中国责任投资论坛（China SIF）发布的《中国责任投资年度报告（2020）》表明，中国的责任投资早期主要体现在银行信贷业务上，近几年逐步发展到证券业、股权投资和产业基金实践中，ESG 股票指数、绿色债券、绿色基金、银行理财等责任投资产品不断涌现。自中国做出"2060 碳中和"承诺后，相关政策的出台以及市场和经济形势的变化将推动中国资本市场的责任投资发展速度进一步提升，ESG 和责任投资理念逐步走向主流。

2.1.7　交易所

随着 ESG 理念在中国的推广，深圳证券交易所（即深交所）、上海证券交易所（即上交所）和香港联合交易所（即港交所）等也成为重要的行动主体，先后发布了与上市公司社会责任履行及信息披露有关的指引性文件。2020 年 7 月，港交所发布修订 IPO 指引的公告，要求 IPO 申请人额外披露环境、社会及管治（ESG）信息。同年 9 月，上交所发布《上海证券交易所科创板上市公司自律监管规则适用指引第 2 号——自愿信息披露》，鼓励科创公司在披露 ESG 一般信息的基础上，根据所在行业、业务特点和治理结构进一步披露 ESG 方面的个性化信息。此外，深交所在新修订的《上市公司信息披露工作考核办法》中首次提及 ESG 披露，并将 ESG 报告纳为加分项，上市公司发布内容充实、完整的 CSR 报告、ESG 报告以及披露积极参与符合国家重大战略方针等事项的信息均可为公司的信息披露工作加分。

2.1.8 非营利性组织

一些非营利性组织积极开展行动和实践，不断与企业和投资者进行沟通，在推动 ESG 发展中发挥至关重要的作用。这些组织包括但不限于研究机构、行业协会和智库。目前在 ESG 方面较有影响力的非营利性组织包括中国金融学会绿色金融专业委员会、中国证券投资基金业协会、中国发展研究基金会、北京绿色金融与可持续发展研究院、海南省绿色金融研究院、深圳市绿色金融协会、清华大学可持续发展研究院、上海高级金融学院、中央财经大学绿色金融国际研究院、首都经济贸易大学中国 ESG 研究院、中研绿色金融研究院社会价值投资联盟等。其中成立于 2020 年的中国 ESG 研究院是国内首家以 ESG 命名的研究机构。

非营利性组织通过与其他机构合作，开展和参与论坛峰会等活动，有力推动了 ESG 理念普及和实践。近年来，较有影响力的 ESG 相关论坛峰会包括：ESG 投资前沿论坛、中国 ESG 论坛（China ESG Forum）、中国责任投资论坛（China SIF）、中国 ESG 30 人论坛、中国社会责任百人论坛、ESG 全球领导者峰会、新浪金麒麟论坛·ESG 峰会、财联社·ESG 高峰论坛等。

2.2　ESG 投资规模

2.2.1　UN PRI 成员

2012 年 5 月，云月投资管理（Lunar Capital Management）正式加入 UN PRI，成为中国首家签署该原则的投资机构。随后，越来越多的国内投资机构关注并加入，中国成员的数量从 2012 年的 2 家增加到 2020 年的 52 家。截至 2022 年 2 月，全球已有 4751 家投资机构成为 UN PRI 的签署成员，其中中国投资机构共 89 家（见图 2.1 和表 2.1），包括中国人寿、中国平安、南方基金、招商基金第一创业（创金合信）、银华基金等，共同推动 ESG 投资可持续发展。

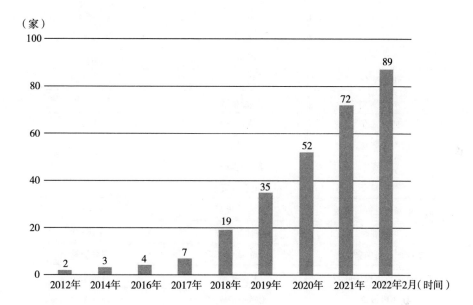

图 2.1　2012 年至 2022 年 2 月加入 UN PRI 的中国投资机构数量

资料来源：根据 UN PRI 官网整理，https：//www.unpri.org/。

表 2.1　加入 UN PRI 的中国投资机构名单

机构名单	机构名单	机构名单
云月投资	尚合资本	华泰证券资管
九鼎投资	君联资本	星瀚资本
绿地金控	大成基金	建信基金
商道融绿*	招商基金	龙门投资
华夏基金	高成资本	光远资本
易方达基金	兴全基金	中欧基金
璞玉投资	双湖资本	有机数*
嘉实基金	麦星投资	CPE 源峰

机构名单	机构名单	机构名单
紫顶*	绿动资本	国投瑞银基金
秩鼎公司*	诺亚控股*	海富通基金
四川联合环境交易所*	歌斐资产	评安国蕴*
华控基金	汇添富基金	国元证券
鹏华基金	银华基金	碳阻迹*
华宝基金	领沨资本	润土投资
南方基金	中证指数*	爱瑞投资
博时基金	清新资本	优脉
国寿资产管理	挚信资本	云九资本
星界资本	第一创业证券	中加基金
分享投资	正心谷资本	世纪长河
长三角绿色投资研究院*	喜岳投资	长城证券
华夏理财	格林曼环境*	太平洋保险
摩根士丹利华鑫基金	工银瑞信基金	安联资管
中国社会价值投资联盟*	上海领灿*	上海科创基金
盛世投资	Green Alpha*	漳江基金
远毅资本	高瓴资本	深圳证券信息*
东方证券资管	责扬天下*	华证指数*
晨星通讯*	和玉资本	大钲资本
母基金周刊*	广发基金	IDG 资本
平安保险集团	泰康保险集团	恒丰银行资产管理部
彬元资本	泰康资产	

注：根据 UN PRI 官网信息编制，排列顺序按照签署时间先后（从上至下、从左至右）。"＊"标识代表机构类型为服务商（共 19 家），其他为资产管理者或资产所有者（共 70 家）。

2.2.2 PRB 签署成员

2019 年 9 月，联合国 PRB 正式发布，中国工商银行、兴业银行和华夏银行是首批签署该原则的中资银行。截至目前，全球共有 80 个国家的

445 家金融、保险或投资机构签署 PRB，其中中国机构有 21 家，包括 16 家银行、3 家保险机构和 2 家投资机构：中国工商银行、兴业银行、华夏银行、四川天府银行、中国农业银行、江苏银行、恒丰银行、重庆三峡银行、青岛农商银行、吉林银行、九江银行、中国邮政储蓄银行、紫金农商银行、湖州银行、中国银行、浙江安吉农商银行；友邦保险集团、中国平安保险集团、鼎睿再保险有限公司；领汇房地产投资信托基金、宜信公司。

2.3 ESG 金融产品

2.3.1 "纯 ESG"主题指数

ESG 指数是依据 ESG 投资策略编制的指数产品，其编制方案反映了环境、社会、治理的一个或多个方面。截至 2021 年 9 月，国内共有直接以"ESG"命名的"纯 ESG"指数 102 只（见图 2.2），由中证指数、中债估值中心、Wind 和新华财经等 9 家机构发布，其中中证指数和中债估值中心分别发布了 37 只和 27 只，两者占比高达 62.7%。目前，国内"纯 ESG"指数主要包含股票指数和债券指数两大类。"纯 ESG"债券指数于 2017 年首次发布，该年发布数量达 21 只且全部为中债指数，之后呈缓慢增长趋势；而"纯 ESG"股票指数的发展则相对较快（见图 2.3）。

2.3.2 "纯 ESG"主题基金

2013 年，中国第一只直接以"ESG"命名的"纯 ESG"主题基金——"财通中证 ESG100 指数增强 A（基金代码 000042）"发行。近几年，国内"纯 ESG"基金增长势头较为显著，其数量从 2017 年的 2 只发展到 2021 年 9 月的 24 只（见图 2.4 和表 2.2），其中含有 6 只 ETF 基金，占比25%；但"纯ESG"基金总体规模尚小，截至2021年9月30日仅有81.36亿元。

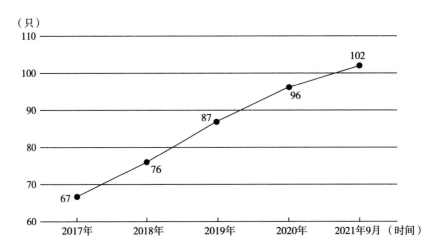

图 2.2　2017 年至 2021 年 9 月国内"纯 ESG"指数数量变化

资料来源：Wind 数据库。

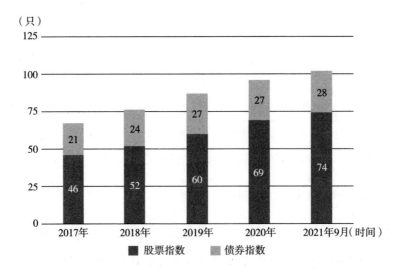

图 2.3　2017 年至 2021 年 9 月国内"纯 ESG"指数类型分布

资料来源：Wind 数据库。

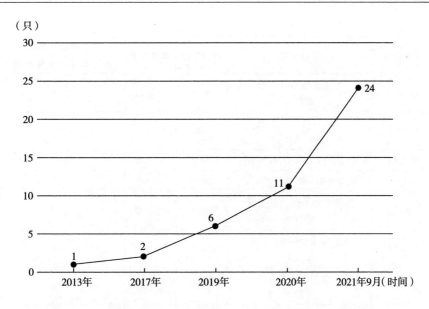

图 2.4　2013 年至 2021 年 9 月国内"纯 ESG"主题基金数量变化

资料来源：根据东方财富网整理，https：//www.eastmoney.com/。

表 2.2　2013 年至 2021 年 9 月国内部分"纯 ESG"主题基金

基金代码	基金简称	发行年份	基金类型	基金规模（亿元）（截至 2021 年 9 月 30 日）
000042	财通中证 ESG100 指数增强 A	2013	指数型	2.13
003184	财通中证 ESG100 指数增强 C	2017	指数型	0.00
007548	易方达 ESG 责任投资股票	2019	股票型	3.84
008264	南方 ESG 股票 A	2019	股票型	10.07
008265	南方 ESG 股票 C	2019	股票型	2.40
012811	华宝 MSCI 中国 A 股国际通 ESGC	2019	指数型	0.00
501086	华宝 MSCI 中国 A 股国际通 ESGA	2019	指数型	0.49
009246	大摩 ESG 量化混合	2020	混合型	4.38

续表

基金代码	基金简称	发行年份	基金类型	基金规模（亿元） （截至 2021 年 9 月 30 日）
010070	方正富邦 ESG 主题 投资混合 A	2020	混合型	1.12
010071	方正富邦 ESG 主题 投资混合 C	2020	混合型	0.54
011149	创金合信 ESG 责任投资 A	2020	股票型	0.10
011150	创金合信 ESG 责任投资 C	2020	股票型	0.07
009630	浦银安盛 ESG 责任投资 混合 A	2021	混合型	13.23
009631	浦银安盛 ESG 责任投资 混合 C	2021	混合型	7.71
011122	汇添富 ESG 可持续 成长 A	2021	股票型	18.45
011123	汇添富 ESG 可持续 成长 C	2021	股票型	0.75
012387	国金 ESG 持续增长 混合 A	2021	混合型	1.45
012388	国金 ESG 持续增长 混合 C	2021	混合型	2.34
159717	鹏华国证 ESG 300 ETF	2021	指数型	3.62
510990	工银瑞信中证 180 ESG ETF	2021	指数型	0.83
516400	富国中证 ESG 120 策略 ETF	2021	指数型	0.13
516720	浦银安盛中证 ESG 120 策略 ETF	2021	指数型	2.28
516830	富国沪深 300 ESG 基准 ETF	2021	指数型	4.35
561900	招商沪深 300 ESG 基准 ETF	2021	指数型	1.08

资料来源：根据东方财富网编制，https：//www.eastmoney.com/。

根据基金类型，国内"纯 ESG"基金包括股票型、指数型和混合型三大类。指数型"纯 ESG"基金在 2020 年前的发展非常缓慢，2021 年出现大幅增长；股票型在 2019~2021 年呈稳定增长态势；混合型于 2020 年首次发行，2021 年实现翻倍增长（见图 2.5）。

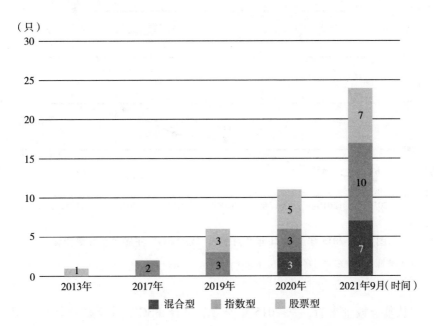

图 2.5 2013 年至 2021 年 9 月国内"纯 ESG"主题基金类型分布

资料来源：根据东方财富网整理，https://www.eastmoney.com/。

2.3.3 "泛 ESG"主题基金

近年来，ESG 主题基金数量与规模稳步增长，其中大部分是未全面纳入 ESG 理念，仅考虑环境、社会和治理中部分因子的"泛 ESG"主题基金。据统计，截至 2021 年 9 月，国内共有"泛 ESG"公募基金 251 只（见图 2.6），主要涉及低碳、环保、新能源、国家安全、责任投资、国企改革等主题，其中有 61 只为交易所交易基金（Exchange Traded Fund，ETF），占比 24.3%。

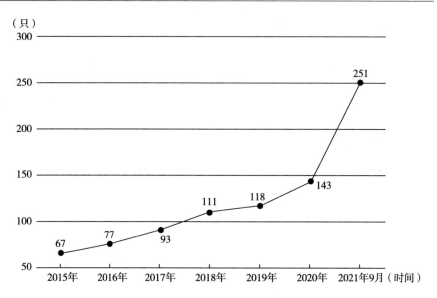

图 2.6   2015 年至 2021 年 9 月国内"泛 ESG"主题基金数量变化

资料来源：根据东方财富网整理，https：//www. eastmoney. com/。

从基金数量来看，从 2015 年至今，"泛 ESG"基金数量持续上升，2021 年的增幅最大，其增长率高达 75.6%；从基金规模来看，截至 2021 年 9 月 30 日，存续的"泛 ESG"公募基金整体规模为 3846.97 亿元；从基金类型来看，国内"泛 ESG"基金包含指数型、股票型、债券型和混合型四种，在这 251 只基金中，超过一半的基金为指数型和混合型，分别占比 41.8% 和 41.0%（见图 2.7）。

2.3.4　碳排放权交易

碳排放权交易是企业将二氧化碳排放权视为商品进行的交易，是利用市场机制实现减排成本最小化和碳排放总量控制的有效手段。我国参与碳排放交易历程可划分为三个阶段：2004~2012 年，以参与国际清洁发展机制（Clean Development Mechanism，CDM）项目为主，成立了全国非试点地区第一家经国家备案的碳交易机构——四川联合环境交易所；从 2012 年

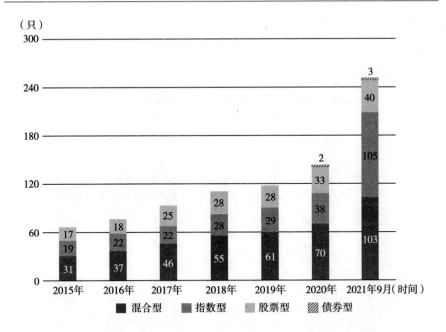

图 2.7　2015 年至 2021 年 9 月国内"泛 ESG"主题基金类型分布

资料来源：根据东方财富网整理，https://www.eastmoney.com/。

　　起，先后启动深圳、上海、北京、广东、天津、湖北、重庆七个碳排放权交易试点，成立全国第九家温室气体自愿减排交易机构——福建海峡股权交易中心；2021 年 7 月，全国碳排放权交易市场正式上线交易，率先在发电行业发力。

　　目前，碳排放配额（Chinese Emission Allowance，CEA）和国家核证自愿减排量（Chinese Certified Emission Reduction，CCER）是我国碳市场的主要交易产品。根据政策要求和行业发展等，控排企业会获得一定的CEA，达到减排目标的企业可以出售富余的 CEA，而超额排放的企业则可以在碳市场上购买 CEA。相较于 CEA 是针对控排企业的强制减排市场，CCER 交易则是自愿减排市场，在国家自愿减排交易平台中进行登记的减排量可以拿到碳市场进行交易。重点排放单位每年可以使用 CCER 抵消CEA 的清缴：全国碳市场重点排放单位每年抵消比例不得超过应清缴

CEA 的 5%，地方碳市场重点排放单位每年抵消比例则各不相同（见表 2.3）。

表 2.3 地方碳市场重点排放单位 CCER 抵消机制

试点地区	抵消办法 （减排量产出时间、项目类型）	抵消比例
北京	2013 年 1 月 1 日后实际产生的减排量；节能项目、林业碳汇项目 （除 HFCs、PFCs、N_2O、SF_6 项目及水电项目）	不得超出当年核发配额量的 5%，其中京外项目不得超过 2.5%
天津	2013 年 1 月 1 日后实际产生的减排量；仅来自二氧化碳气体项目，不含水电项目	不得超出当年核发配额量的 10%
上海	2013 年 1 月 1 日后实际产生的减排量；非水电项目	不得超出当年核发配额量的 3%
广东	非清洁发展机制项目于注册前产生的减排量；非水电项目，化石能源的发电、供热和余能利用项目	不得超出当年核发配额量的 10%，其中省外项目不得超过 3%
深圳	风电、光伏、垃圾焚烧、农村沼气和生物质发电项目，清洁交通和海洋固碳减排项目，林业碳汇项目，农业减排项目	不得超出当年核发配额量的 10%
福建	非水电项目	不得超出当年核发配额量的 5%
湖北	农林沼气、林业碳汇项目	不得超出当年核发配额量的 10%
重庆	2010 年 12 月 31 日后投入运行的项目（碳汇项目不受此限制）、非水电项目	不得超出当年核发配额量的 8%

资料来源：中国碳交易网。

2.3.4.1 全国碳交易市场

全国碳排放权交易市场于 2021 年 7 月 16 日正式上线交易，其交易中心位于上海，碳配额登记系统设在武汉，两者共同承担全国碳交易体系的支柱作用。市场建设初期以发电行业为突破口，首批覆盖 2225 家发电企业超过 40 亿吨的二氧化碳排放量，未来将逐步扩大至钢铁、有色、石化、化工、建材、造纸和航空等高耗能行业。

开市以来，全国碳交易市场整体运行平稳有序，价格波动相对平缓。

交易首日，全国碳市场 CEA 总成交量为 410.40 万吨，总成交额为 2.10 亿元。截至 2021 年 11 月，CEA 累计成交量为 4323.17 万吨，累计成交额达 18.47 亿元，其中 9 月 30 日当日成交量最大，为 847.44 万吨，占比 19.6%，当日成交额达 3.54 亿元（见图 2.8 和图 2.9）。

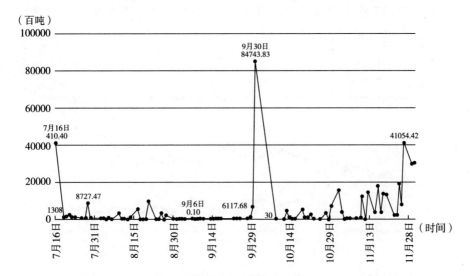

图 2.8　2021 年 7~11 月全国碳交易市场 CEA 单日成交量变化

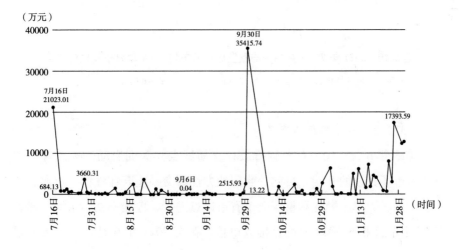

图 2.9　2021 年 7~11 月全国碳交易市场 CEA 单日成交额变化

价格方面，截至 2021 年 11 月，中国碳市场 CEA 成交均价在 30~60 元/吨范围内波动，最低价为 30.92 元/吨，最高价为 58.70 元/吨。与同时段内欧盟碳市场的交易情况相比较，欧盟碳市场的碳交易价格远高于中国碳市场，2021 年下半年一直处于 50 欧元/吨以上的高位，且于 11 月 30 日达到 75.37 欧元/吨的峰值，有研究预测其在未来几年中可能会突破 200 欧元/吨（见图 2.10）。

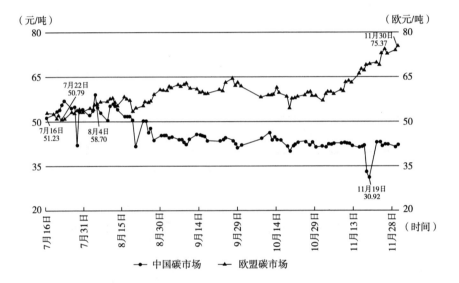

图 2.10　2021 年 7~11 月中国与欧盟碳交易市场 CEA 单日成交均价变化

资料来源：上海环境能源交易所，Ember，https：//ember-climate.org/。

2.3.4.2　地方碳交易市场

2013 年 6 月，国内首个碳排放权交易试点在深圳启动，标志着中国碳交易市场建设的开端。目前，我国地方性碳交易主要在深圳、上海、北京、广东、天津、湖北和重庆七个省市试点进行，覆盖钢铁、水泥、建筑等 20 多个行业近 3000 家重点排放单位。截至 2021 年 6 月，试点市场累计配额成交量达 4.8 亿吨，成交额约 114 亿元。此外，企业和个人也可通过四川联合环境交易所、福建海峡股权交易中心等地方碳排放交易所进行交易。

从各地方性碳排放交易所自建立至 2021 年 11 月的碳交易规模来看，湖北省碳交易市场的交易总量和交易总额都位居第一，其成交总量为 36066.2 万吨，占比 33.0%，成交总额达 83.38 亿元，占比 55.5%；广东省碳交易市场成交总额则位居第二，其碳交易总量为 19824.1 万吨，成交总额为 24.6 亿元，分别占比 18.1% 和 16.4%；福建省和四川省碳交易市场的规模则相对较小（见图 2.11 和图 2.12）。

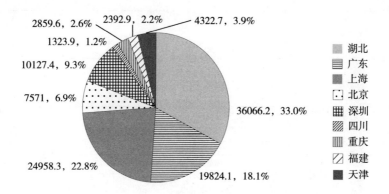

图 2.11　截至 2021 年 11 月我国各地方性碳交易所成交总量及占比（单位：万吨）

资料来源：湖北碳排放权交易中心。

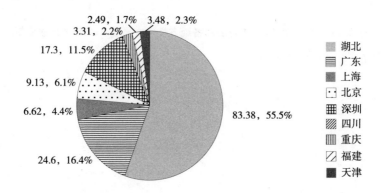

图 2.12　截至 2021 年 11 月我国各地方性碳交易所成交总额及占比（单位：亿元）

资料来源：湖北碳排放权交易中心。

CCER 交易作为碳排放权交易的补充形式，是我国各地方性碳排放交易所的重要业务之一。截至 2021 年 11 月，我国地方性碳交易市场的 CCER 累计成交量达 2.64 亿吨。其中，上海 CCER 累计成交量最多，为 8783.66 万吨，占比 33.3%；广东排名第二，累计成交 5590.32 万吨，占比 21.2%；而湖北和重庆的成交量则相对较少，仅占比 2.9% 和 0.2%（见图 2.13）。

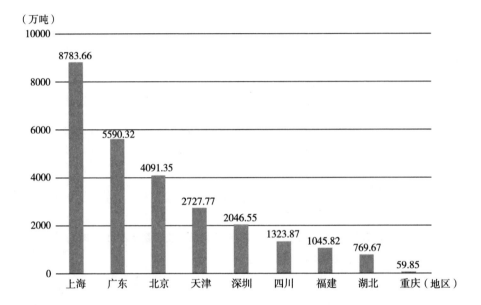

图 2.13　截至 2021 年 11 月我国各地方性碳交易所 CCER 累计成交量

资料来源：湖北碳排放权交易中心。

第 3 章 中国 ESG 政策法规

在政策法规方面，国内外对 ESG 的关注日益增加。以欧美国家及个别亚太国家和地区为代表，它们都希望以制度要素来驱动 ESG 理念的深化和行动的落地。在这些国家 ESG 实践影响下，我国从 2003 年开始就对上市公司信息披露进行探索，其中涉及的绿色金融和可持续发展战略与 ESG 理念不谋而合。从促进机制来看，一方面，大多数国家采取软性法规政策来指引企业 ESG 实践，以此增强企业的社会合法性。另一方面，国家通过规范标准，提高企业对外披露信息的质量和公司治理水平，让资本市场可持续发展有据可依。因此，相关 ESG 政策法规的制定不仅可以促进企业的可持续发展，还能形成企业与投资者的良性互动，最终有利于国家经济的发展与稳定。

中国的 ESG 研究起步较晚，其监管文件早期集中在环境保护的信息披露方面。我国监管部门颁布了一系列文件，鼓励上市公司发布社会责任报告，同时对重点排污企业强制要求公开环境保护信息。如 2003 年原环保总局发布的《关于企业环境信息公开的公告》与 2007 年发布的《环境信息公开办法（试行）》，这些规范强制规定环保部门与污染企业向社会公开重要环境信息，并不得以保守商业秘密为由拒绝公开，为公众获取环境信息提供了制度保障。

2006 年 9 月，深圳证券交易所发布《上市公司社会责任指引》，将社会责任引入上市公司，鼓励上市公司积极履行社会责任，自愿披露社会责任的相关制度建设。

2008 年 12 月，上海证券交易所发布《〈公司履行社会责任的报告〉编制指引》，要求上市公司披露在促进社会可持续发展、环境及生态可持续发展、经济可持续发展方面的工作。

2012 年，中国香港地区（下文简称香港）面对上市公司首次发布《环境、社会及管治报告指引》，倡导上市公司进行 ESG 信息披露。2019 年发布的最新版，不但强化了上市公司基于董事会层面的 ESG 战略管理要求，而且提出指标的量化考虑要求，增加 ESG 关键绩效指标的内容，以便更好地评估及验证企业 ESG 表现。最新版指引鼓励发行人自愿寻求独立审验以提升披露信息质量，并倡导公司发布关于环保考虑的电子报告。

2015 年，中共中央、国务院发布的《生态文明体制改革总体方案》中提出要建立上市公司环保信息强制性披露机制，积极推动绿色金融。

2016 年，我国将绿色发展理念融入 G20 议题，并将"建立绿色金融体系"写入"十三五"规划，出台了系统性的绿色金融政策框架。ESG 包括环境、社会和治理三个维度，而绿色金融主要是环境维度，集中推动金融体系的绿色转型。因此，不仅在金融领域发力，还形成了金融系统与实体企业互动的逻辑闭环。

2016 年，香港证监会将 ESG 理念纳入针对投资者的《负责任的拥有权原则》中，强调了投资者对企业 ESG 实践的推动作用，并要求香港企业将 ESG 理念纳入战略层面。

2016 年 8 月，中国人民银行、财政部、国家发展和改革委员会、环境保护部、中国银行业监督管理委员会、中国证券监督管理委员会、中国保险监督管理委员会联合印发了《关于构建绿色金融体系的指导意见》，指出了构建绿色金融体系的重要意义，推动证券市场支持绿色投资。

2017 年，证监会发布《公开发行证券的公司信息披露内容与格式准则第 2 号——年度报告的内容与格式》《公开发行证券的公司信息披露内

容与格式准则第 3 号——半年度报告的内容与格式》，规定上市公司属于
环境保护部门公布的重点排污单位的公司及其子公司，应当根据法律、法
规及部门规章的规定披露主要污染物等环境信息。

2018 年，证监会结合国际经验和中国国情对《上市公司治理准则》
进行修订，指出企业在保持公司业绩的同时要积极履行社会责任，并强化
信息披露制度。

2018 年 9 月，香港证监会发布的《绿色金融策略框架》是香港地
区可持续金融实践的标志性行动，促进绿色金融产品的开发与交易，为
香港地区资本市场指明了方向和机遇，奠定了香港地区绿色金融发展的
基础。

2018 年 11 月，中国证券投资基金业协会和国务院发展研究中心金融
研究所联合发布《中国上市公司 ESG 评价体系研究报告》。同时，为促使
被投资企业关注环境风险，完善环境信息披露，推动基金行业发展绿色投
资，改善投资活动的环境绩效，促进绿色、可持续的经济增长，协会还发
布了《绿色投资指引（试行）》。

2018 年 11 月，香港金融发展局发布《香港的"环境、社会及管治"
（ESG）策略》，提出香港 ESG 生态系统的建议。

2019 年 3 月，香港地区注重生态环境在香港地区 ESG 体系的作用，
并为改善环境和促进香港地区转型为低碳经济体的项目颁布《绿色债券
框架》。

2019 年，上交所发布《上海证券交易所科创板股票上市规则》，并于
2020 年进行了修订。该规则表明，企业应当及时披露违背社会责任的重
大事项，并说明原因和解决方案。

2019 年 12 月，《中国银保监会关于推动银行业和保险业高质量发
展的指导意见》发布，提出大力发展绿色金融。银行业金融机构要建
立健全环境与社会风险管理体系，将环境、社会、治理要求纳入授信
全流程，强化环境、社会、治理信息披露和与利益相关者的交流
互动。

为给企业社会责任评价领域提供好的标准，2020 年由中国企业评价协会发起研究提出的《中国企业社会责任评价准则（CEEA-CSR2.0）》（以下简称《准则 2.0》）在北京发布。《准则 2.0》更加注重企业的责任管理，并且考核企业的核心经营战略是否充分考虑应尽的社会责任，以维护企业的可持续发展。

2020 年，香港金融管理局发布《绿色及可持续银行业的共同评估框架》和《绿色及可持续银行业白皮书》，不仅为衡量银行业及相关机构在气候和环境相关风险方面的应对能力提供了标准，还讨论了气候为银行业带来的机遇及风险，以及金融管理局对此的应对措施。

2020 年，香港联合交易所针对香港上市公司更新了《香港交易所指引信》（HKEX-GL86-16），为上市申请人提供准备工作指引，其中要求对环境和社会责任的内容进行信息披露。

2020 年 12 月 26 日，第十三届全国人大常委会第二十四次会议审议通过了《刑法修正案（十一）》，并于 2021 年 3 月 1 日起正式施行。该修正案中几大要点备受关注：一是违法违规的处罚金额大大提高，个人罚款无上限。二是将信息披露造假相关责任人员的刑期上限由 3 年提高至 10 年。三是强化上市公司"关键少数"的刑事追责。四是进一步明确对"幌骗交易操纵""蛊惑交易操纵""抢帽子操纵"等新型操纵市场行为追究刑事责任。

2021 年 1 月，生态环境部发布了《关于统筹和加强应对气候变化与生态环境保护相关工作的指导意见》，强调加快补齐认知水平、政策工具、手段措施、基础能力等方面短板，以促进应对气候变化与环境治理、生态保护修复等协同增效，为实现碳达峰和碳中和的目标提供有效保障。

2021 年 2 月，生态环境部为规范全国碳排放权交易及相关活动发布了《碳排放权交易管理办法（试行）》，规定了各级生态环境主管部门和市场参与主体的责任、权利和义务，以及全国碳市场运行的关键环节和工作要求。

2021 年 2 月，国务院发布了《关于加快建立健全绿色低碳循环发展经济体系的指导意见》，明确绿色低碳循环发展体系包括生产体系、流通体系、消费体系、基础设施绿色升级体系、绿色消费创新体系和法律法规政策体系，强调健全绿色低碳循环发展体系和绿色低碳全链条的建设，促进经济和社会发展的全方位绿色转型，制定了 2025 年和 2035 年与绿色经济方面有关的主要目标。

2021 年 2 月，证监会发布的《上市公司投资者关系管理指引（征求意见稿）》纳入了 ESG 内容，要求上市公司主动向投资者沟通企业 ESG 有关信息。投资者也应积极、主动地参与企业投资者关系的管理活动，树立长期投资、价值投资和理性投资的理念。

2021 年 5 月，生态环境部发布了《环境信息依法披露制度改革方案》，着重强调对环境信息强制性披露企业的管理和监督，确保环境信息在规定时期持续地向公众披露，保证信息的及时性、真实性、准确性、完整性。其中，要求强制披露环境信息的企业包括：重点排污单位、实施强制性清洁生产审核的企业、因生态环境违法行为被追究刑事责任或者受到重大行政处罚的上市公司、发债企业等。此外，该文件强调建立环境信息共享机制。

2021 年 5 月，证监会发布了《公开发行证券的公司信息披露内容与格式准则第 2 号——年度报告的内容与格式（征求意见稿）》《公开发行证券的公司信息披露内容与格式准则第 3 号——半年度报告的内容与格式（征求意见稿）》，该征求意见稿新增了公司治理有关的披露内容，具体是表决权差异安排实施和变化情况。新增"环境和社会责任"章节，需定期披露公司因环境问题受到行政处罚情况，鼓励公司自愿披露为减少其碳排放所采取的措施及效果和巩固拓展脱贫攻坚成果、乡村振兴等工作情况。

香港证监会于 2021 年 6 月 29 日发布了最新版 ESG 基金披露要求，要求 ESG 基金对其考量 ESG 因素的内容和定期评估结果作出披露，同时为以气候相关因素为重点的 ESG 基金提供额外指引。

2021 年 7 月，生态环境部印发了《关于开展重点行业建设项目碳排放环境影响评价试点的通知》，提出将在河北、吉林、浙江、山东、广东、重庆、陕西等地，在电力、钢铁、建材、有色、石化和化工等重点行业，开展碳排放环境影响评价试点。此次试点目标为：2021 年 12 月底前，试点地区发布建设项目碳排放环境影响评价相关文件，研究制定建设项目碳排放量核算方法和环境影响报告书编制规范，基本建立重点行业建设项目碳排放环境影响评价的工作机制。2022 年 6 月底前，基本摸清重点行业碳排放水平和减排潜力，探索形成建设项目污染物和碳排放协同管控评价技术方法，打通污染源与碳排放管理统筹融合路径，从源头实现减污降碳协同作用。

2021 年 10 月 24 日，中共中央、国务院正式发布《关于完整准确全面贯彻新发展理念做好碳达峰碳中和工作的意见》（以下简称《意见》）。《意见》为统领全局的顶层设计，对应碳达峰、碳中和 "1+N" 政策体系中的 "1"，明确了 "双碳" 的主要目标和实施路径。"N" 则包括能源、工业、交通运输等分领域分行业碳达峰实施方案，以及科技支撑、能源保障、财政金融、督察考核等保障方案。《意见》强调要坚持 "全国统筹、节约优先、双轮驱动、内外畅通、防范风险" 的原则。《意见》将 "双碳" 目标分为三个阶段：到 2025 年，绿色低碳循环发展的经济体系初步形成，重点行业能源利用效率大幅提升；到 2030 年，经济社会发展全面绿色转型取得显著成效，重点耗能行业能源利用效率达到国际先进水平，二氧化碳排放量达到峰值并实现稳中有降；到 2060 年，绿色低碳循环发展的经济体系和清洁低碳安全高效的能源体系全面建立，非化石能源消费比重达到 80% 以上。紧随《意见》发布，2021 年 10 月底国务院印发了《2030 年前碳达峰行动方案》（以下简称《方案》）。《方案》为 "1+N" 政策体系中 "N" 所对应的首部政策文件，在目标、原则、方向等方面与《意见》保持有机衔接，聚焦在 2030 年前实现碳达峰目标的路径与举措部署。

2021 年 10 月，国务院发布《中国应对气候变化的政策与行动》白皮书，表明中国实施积极应对气候变化国家战略，加快构建碳达峰碳中和"1+N"政策体系。白皮书介绍，2020 年，中国碳排放强度比 2015 年下降 18.8%，中国非化石能源占能源消费总量比重提高到 15.9%，非化石能源发电装机规模占总装机规模的比重达到 44.7%，超额完成"十三五"约束性目标。

2021 年 11 月，生态环境部审议并通过了《企业环境信息依法披露管理办法（草案）》，该办法指出要建立信息披露内容动态调整机制，强化对企业环境信息披露的监督机制。其中，强调对上一年度因生态环境违法行为被追究刑事责任或受到重大行政处罚的上市公司、发债企业应当定期披露污染物产生、治理和排放信息，监控二氧化碳排放信息，生态环境应急预案与所投项目对气候变化、生态环境影响等相关信息。

2021 年 12 月 30 日，国务院国有资产监督管理委员会发布《关于推进中央企业高质量发展做好碳达峰碳中和工作的指导意见》的通知，要求中央企业将碳达峰、碳中和纳入中长期发展规划，并强调中央企业应严控高耗能高排放项目，坚决遏制高耗能高排放项目盲目发展。

近年来中国 ESG 政策法规时间梳理如图 3.1 所示。

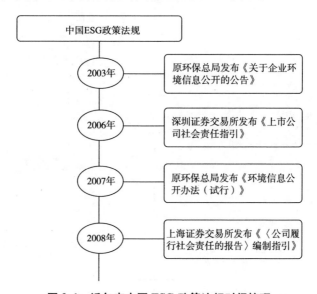

图 3.1　近年来中国 ESG 政策法规时间梳理

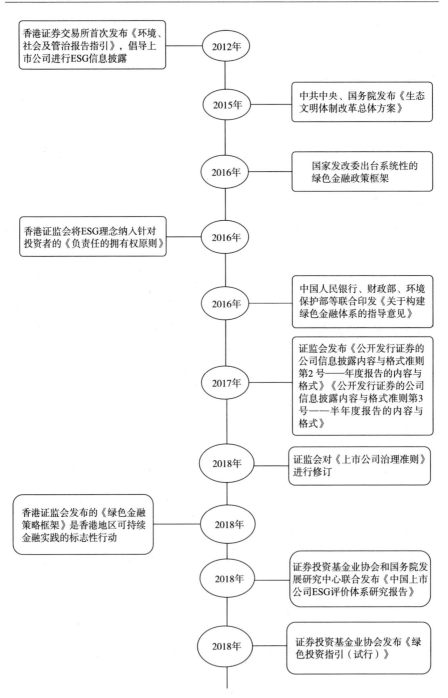

图 3.1 近年来中国 ESG 政策法规时间梳理（续）

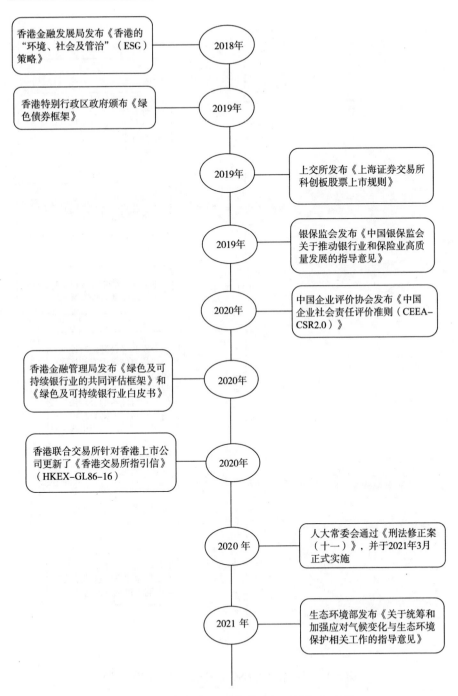

图 3.1　近年来中国 ESG 政策法规时间梳理（续）

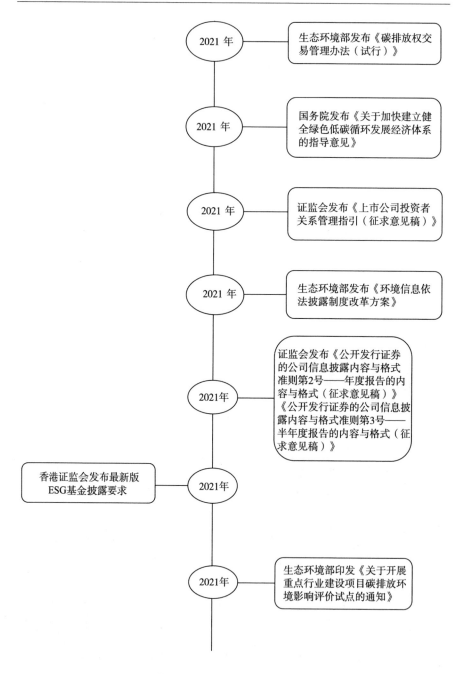

图 3.1　近年来中国 ESG 政策法规时间梳理（续）

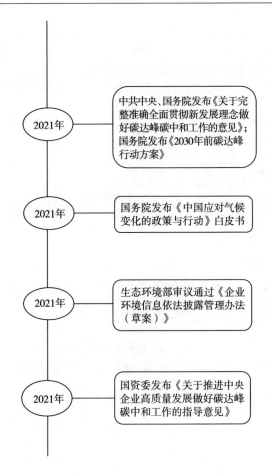

图 3.1　近年来中国 ESG 政策法规时间梳理（续）

中国 ESG 议题信息披露法规细则如表 3.1 所示。

表 3.1　中国 ESG 议题信息披露法规细则

维度	议题	政策	披露责任
环境	E1：排放物	《公开发行证券的公司信息披露内容与格式准则第 2/3 号》（2017）	重点排污企业——强制披露 其他企业——不披露须解释
	E2：资源使用	上交所《上市公司行业信息披露指引第十五号——食品制造》（2020）	不披露须解释

续表

维度	议题	政策	披露责任
环境	E3：环境及天然资源	《关于共同开展上市公司环境信息披露工作的合作协议》（2017）	强制披露
	E4：气候变化	《关于促进应对气候变化投融资的指导意见》（2020）	自愿披露
社会	S1：雇佣		
	S2：健康与安全		
	S3：发展及培训	《上市公司行业信息披露指引第十五号——食品制造》（2020）	自愿披露
	S4：劳工准则		
	S5：供应链管理		
	S6：产品责任	《上市公司行业信息披露指引第十五号——食品制造》（2020）	不披露须解释
	S7：反贪污		
	S8：社区投资	《上海证券交易所科创板上市公司自律监管规则适用指引第 2 号——自愿信息披露》（2020）	自愿披露
治理	G1：治理结构	《上市公司信息披露管理办法》（2017）	强制披露
	G2：汇报原则的应用		
	G3：汇报范围的界定		
	G4：薪酬制度	《公开发行证券的公司信息披露内容与格式准则第 2/3 号》（2017）	强制披露
	G5：风险与危机管理	《上市公司行业信息披露指引第四号——电力》（2020）	不披露须解释

综上所述，碳达峰碳中和"1+N"政策体系的确立和相关政策的陆续推出是 2021 年的重要举措。《关于完整准确全面贯彻新发展理念做好碳达峰碳中和工作的意见》对应"1+N"中的"1"，明确"双碳"的顶层设计。"N"则包括能源、工业、交通运输等分领域分行业碳达峰实施方案，

以及科技支撑、能源保障、财政金融、督察考核等保障方案。

此外，中国 ESG 政策法规有三个特点：第一，在推进 ESG 三大要素进展的同时，侧重对生态环境保护的研究。2021 年最新颁布的政策法规重点关注生态环境的内容，不仅为建设绿色低碳循环经济的发展体系提供指引，还为实现碳达峰和碳中和提供法律保障。第二，强调信息披露环节，以自愿披露为主，强制披露仅限于重点行业部分 ESG 内容。目前，我国强制披露的 ESG 信息限于重点排污企业、实施强制性清洁生产审核的企业、因生态环境违法行为被追究刑事责任或者受到重大行政处罚的上市公司和发债企业等，而且还存在信息披露标准不统一、披露定量数据少等问题，无法满足实际使用需要。第三，尚未有明确的、系统的披露框架和披露标准。现存信息披露的政策法规重点强调企业环境方面的信息披露，并没有系统的披露框架和准则。

综上所述，随着 ESG 理念的推广，中国颁布 ESG 政策法规的内容逐渐偏向绿色、低碳和循环经济发展的方向。值得注意的是，2020 年底，中国向世界作出"碳达峰、碳中和"的承诺后，颁布的政策法规内容为落实"双碳"战略提供政策指引和保障。环境方面，2021 年侧重企业对碳排放的管控，进而推动企业的绿色转型。社会方面，2021 年注重上市公司与投资者之间的管理，强调投资者文化，建立投资者长期可持续的投资观念。治理方面，2021 年注重对财务造假行为的惩罚力度，扩大了惩罚范围，在一定程度上增加了信息披露的可信性。总的来说，2021 年颁布的政策法规可以为企业的可持续发展保驾护航。

2021 年颁布的政策法规在环境（E）方面重点关注碳排放有关活动，助力企业绿色转型，并推动 ESG 投资和绿色资产的合理配置。根据信息披露与碳交易两方面的内容作出如下说明：

信息披露方面有以下三点需要注意：①碳排放内容要求重点企业强制性披露，实时监测碳排放量的变化。其中重点企业包括重点排污单位、实施强制性清洁生产审核的企业、上一年度因生态环境违法行为被追究刑事责任或受到重大行政处罚的上市公司与发债企业、法律法规等规定应当开展环境信息强制性披露的其他企业事业单位。②关注企业环境与天然资源的使用情况。要求企业强制性披露环境与天然资源有关的议题内容，尽量减少化石能源的使用，鼓励企业积极应对气候变化。③鼓励企业自愿披露其为减少碳排放所采取的措施及效果，并增加披露碳达峰、碳中和目标对公司的影响分析，以满足资本市场对"双碳"战略实施的有关信息的需求。

碳交易方面有以下四点需要注意：①中国碳排放权交易市场建立，并于 2021 年 7 月生态环境部印发的《关于开展重点行业建设项目碳排放环境影响评价试点的通知》中公布参与试点项目的省份。试点项目建立有利于摸清重点行业碳排放水平与减排潜力，为探索高效的碳减排方案贡献力量。②碳交易市场对企业提供信息披露数据的要求更严格，从某种程度而言提高了信息披露的可信性。③中国碳市场的建立为可再生能源市场带来巨大发展潜力。生态环境部于 2021 年初发布了《碳排放权交易管理办法（试行）》，表明中国核证减排量（Chinese Certified Emission Reduction，CCER）抵消机制成为碳排放权交易制度体系的重要组成部分。光伏和风电等减排项目可以将其产生的二氧化碳减排量在碳市场出售并获取经济利益。我国碳市场逐步发展，会扩大减排量市场，"几乎净零排放"的可再生能源将成为绿色投资领域的重要方向，助力能源的低碳转型。④虽然中国碳市场初见成效，但是仍然存在碳资产流动性不足、碳市场碳价区域性差异等问题。为确保全国碳排放权交易市场的持久运行，中国应逐步统一碳市场的交易规范、完善监管机制。

2021 年颁布的政策法规在社会（S）方面重点关注利益相关者之间的关系。2021 年 2 月，证监会发布的《上市公司投资者关系管理指引（征求意见稿）》纳入了 ESG 内容，要求上市公司主动向投资者沟通企业 ESG 有关信息。新版指引的征求意见稿对投资文化进行了说明，提出的"投资者应当坚持长期投资、价值投资和理性投资的理念，培育成熟理性的投资文化"与当今时代提倡的可持续的长期投资观念相吻合。此外，该征求意见稿对上市公司与投资者沟通的渠道与沟通的内容进行了补充。

为适应新时代互联网与新媒体的发展趋势，强调通过网站、新媒体平台、投资者教育基地等新兴渠道进行高效沟通。新增的"公司的环境保护、社会责任和公司治理信息"是一项重大创新。现阶段，新冠肺炎疫情的冲击以及气候变化带来的风险影响了资本市场对上市公司在环境、社会和治理（ESG）方面的表现，越来越多的境内外投资者对上市公司 ESG 信息披露透明度的要求不断提升，该项内容的补充与可持续投资发展趋势相契合。

2021 年颁布的政策法规在治理（G）方面着重强调对财务造假行为的处罚。自 2021 年 3 月 1 日起正式施行的《刑法修正案（十一）》着重强调了对财务造假行为的惩罚力度。

第 4 章　中国企业 ESG 信息披露

　　2020 年 10 月党的十九届五中全会审议通过了《中共中央关于制定国民经济和社会发展第十四个五年规划和二○三五年远景目标的建议》，提出要推动绿色低碳发展，持续改善环境质量，提升生态系统质量和稳定性，全面提高资源利用效率，要求在质量效益明显提升的基础上实现经济持续健康发展。近年来，随着可持续发展理念逐渐成为全球商业发展共识，如何推动企业可持续发展成为理论界和实践界关注的重要议题。在此背景下，追求长期价值增长、兼顾经济和社会效益的 ESG 理念成为实现经济持续健康发展的重要载体和企业可持续发展的重要途径。ESG 是社会责任投资的基础，是绿色金融投资体系的重要组成部分，倡导的是一种企业的行为价值与社会主流的规范、价值、信念相一致的理念，不仅要求企业考虑股东的利益，还要考虑员工、供应商、顾客、所在社区、政府等利益相关者的利益，要求企业不断优化治理结构，进行绿色投资、开发绿色技术、巩固治理基石，实现整个社会、经济的健康发展。自 2006 年 UN PRI 成立，ESG 正式进入投资领域，随后在全球范围内展开，目前国外诸多发达经济体的 ESG 发展已经较为成熟，并产生了许多基于可持续发展理念的披露标准，例如 GRI、SASB、TCFD、CDP 等。因此，研究国内外 ESG 披露标准体系，分析中国 ESG 披露现状，总结企业 ESG 披露标准，对构建一套完整明确的中国 ESG 披露标准体系具有重要的参考意义。

4.1　企业 ESG 信息的国际披露标准

4.1.1　GRI 标准的主要内容体系与实践情况

1997 年，全球报告倡议组织（Global Reporting Initiative，GRI）由联合国环境规划署（United Nations Environment Programme，UNEP）和环境责任经济联盟（Coalition for Environmentally Responsible Economics，CE-RES）共同发起成立，其目的是创建一个负责任机制，以确保公司遵守负责任的环境行为原则，并扩大到包括社会、经济和治理问题等领域。GRI 从成立至今，历经了 G1、G2、G3、G3.1、G4 到 GRI Standards 版本的更新迭代。目前最新的 GRI 标准是 2016 年发布的 GRI Sustainability Reporting Standards，是 GRI 报告框架经过了 16 年坚实的多元利益相关方参与流程，不断发展和进化的结果。

在主要内容体系方面，GRI 标准框架体系分为通用标准和议题专项标准两部分内容。通用标准包含基础、一般披露和管理方法三部分内容。具体来说，GRI 101 基础标准阐明了界定报告内容和质量的原则以及机构使用 GRI 标准进行可持续报告编制的具体要求；GRI 102 一般披露标准则要求披露机构的背景信息，包含组织概况、战略、道德和诚信、管治、利益相关方参与以及报告实践六大方面内容；GRI 103 管理方法标准主要介绍关于机构实质性议题管理方法的一般披露项。议题专项标准系列分为 GRI 200 经济议题、GRI 300 环境议题和 GRI 400 社会议题三大板块内容。经济议题系列（GRI 200）包括经济绩效、市场表现、间接经济影响、采购实践、反腐败、不当竞争行为和税务；环境议题系列（GRI 300）包括陆地、空气、水和生态系统，其披露的主要指标包括物料、能源、水资源与污水、生物多样性、排放、污水和废弃物、环境合规和供应商环境评估；社会议题系列（GRI 400）包括雇佣、劳资关系、职业健康与安全、培训与教育、多元化与平等机会、反歧视、结社自由与集体谈判、童工、强迫或强制劳动、安保实践、原住民权利、人权评估、当地社区、供应商社会评估、公共政策、客户健康与安全、营销与标识、客户隐私和社会经济合规。

在实践应用情况方面，英、美、日及中国台湾地区使用 GRI 发布可持续发展报告较多。从 GRI 可持续发展报告的占比来看，中国台湾地区和美国企业使用 GRI 披露可持续发展报告数量占比超过 50%，中国香港地区使用 GRI 披露可持续发展报告的占比为 48%，英国和日本使用 GRI 披露可持续发展报告的占比相差不大，中国大陆地区使用 GRI 披露可持续发展报告的占比仅有 18%。从各国和地区不同行业来看，美国主要集中在金融服务业、能源行业、食品和饮料行业、保健行业、能源公共事业等，英国主要集中在矿业和金融服务业，日本主要集中在技术硬件行业和化学品使用行业，中国大陆集中在金融服务业，中国台湾集中在技术硬件行业、金融服务行业、化学品行业和电脑行业，中国香港集中在房地产行业、航空行业、金融服务行业等。

4.1.2 SASB 标准的主要内容体系与实践情况

可持续发展会计准则委员会（Sustainable Development Accounting Standards Board，SASB）是成立于 2011 年的非营利性组织，致力于制定一系列针对行业 ESG 披露指标，促进投资者与企业交流，增加对财务表现有实质性影响且有助于决策的相关信息的数量和质量。SASB 由董事会和标准委员会组成，董事会负责监督整个机构的战略、募资、运营和任命标准委员会成员；标准委员会的主要职责是通过标准，审查和维护技术议程，对标准进行拟议的更新，并对标准制定过程负整体责任。

SASB 标准的主要内容体系包含三个方面：行业划分、可持续主题和核心目标。行业类别主要根据企业的业务类型、资源强度、可持续影响力和可持续创新潜力等对企业进行划分。可持续工业分类系统（Sustainable

Industry Classification System，SICS）将企业分为 77 个行业（涵盖 11 个部门）。可持续会计标准考虑到了环境、社会资本、人力资本、商业模式与创新、领导力与治理，并在这五个可持续性维度下的 30 个议题中选取了与该行业最相关的议题。SASB 标准的核心目标包括实质性信息、决策有用信息、成本效益、可持续发展会计核算和披露的目的、使用者、可持续性会计准则的受益人、内容分析、实质性问题路线图（Materiality Map）八个方面。

SASB 标准在不同国家和地区的实践情况主要分为国内外合作、在国外的应用和在中国的应用三部分。首先，在国内外合作方面，SASB 与许多组织合作，与全面的全球公司披露系统接轨。2020 年 CDP、CDSB、GRI、IIRC 和 SASB 宣布了一个全面的公司报告系统的共同愿景，并承诺合作实现这一目标。在中国，百观科技正式与 SASB 签订协议，成为中国首家被授权使用 SASB 准则的数据科技企业。其次，SASB 在国外的应用主要集中在欧盟和美国，在披露标准上，SASB 是除 GRI 外应用最广泛的参考和指引，欧盟在 2014 年修订的《非财务报告指令》中首次将 ESG 三要素列入法规条例，要求大型企业在运用 SASB 准则披露非财务信息时要纳入 ESG 相关信息。在披露政策上，目前欧盟成员国主要采用强制加自愿的披露政策，对污染严重的企业执行强制信息披露政策，其他企业自愿披露，欧盟成员国大多会根据政策进行适当调整，制定适合本国特征的信息披露政策。最后，SASB 标准在中国的应用尚处于起步阶段，使用 SASB 标准的企业也较少。香港地区使用 SASB 标准进行披露的只有一家酒店企业。台湾地区已有 8 家企业使用 SASB，其中 3 家是金融类企业，2 家是通信企业，剩余 3 家分别为化工企业、消费品企业、电力企业。

4.1.3　ISO 26000 标准的主要内容体系与实践情况

ISO 26000 由 ISO（International Organization for Standardization）社会责任工作组（ISO/TMB/WG SR）负责制定，由巴西技术标准协会（Associação Brasileira de Normas Técnicas，ABNT）和瑞典标准协会

（Swedish Institute for Standards，SIS）共同担任 ISO/TMB/WG SR 的集体领导，下设六个工作组（Task Group，TG）。其中，TG4、TG5 和 TG6 主要负责起草 ISO 26000，TG1、TG2 和 TG3 负责辅助和配合 ISO 26000 的制定工作。ISO 26000 是国际标准化组织制定的社会责任指南，包括组织治理、人权、劳工实践、环境、公平运营、消费者问题、社会参与和发展七个核心主题，涉及 36 个议题。其中，有效的组织治理能使组织对其他核心主题和议题采取行动；人权部分包括公民和政治权利、社会经济和文化权利、弱势群体权利以及工作中的基本权利；劳工实践包括就业和劳动关系，工作条件和社会保障，社会对话，职业安全卫生以及人力资源开发等；环境包括承担环境责任、采取预防性方法、采用有利环境的技术和实践、循环经济、防治污染、可持续消费、气候变化、保护和恢复自然环境等；公平运营包括反腐败和行贿、负责任的政治参与、公平竞争、在供应链促进社会责任以及尊重财产权等；消费者问题包括公平营销、信息和合同实践、保障消费者健康和安全、促进有益环境和社会的产品和服务、消费者服务、支持和争议处理、消费者信息和隐私保护、接受基本产品和服务、可持续消费、教育和意识等；社会参与和发展指的是组织应与当地社区建立关系并促成其不断发展。

ISO 26000 社会责任国际标准应用的最重要进展表现在以下三个方面：①国家（地区）标准转化。已有 88 个国家（地区）将 ISO 26000 社会责任国际标准转化为其国家（地方）标准，其中有 45 个国家（地区）等同采用 ISO 26000 为其社会责任国家（地区）标准。ISO 26000 也被翻译成 30 余种语言。还有 17 个成员正处于转化的过程中。转化率最高的是欧洲地区，已完成转化的国家占该地区国家总数的比重高达 79.55%。②ISO 26000 社会责任国际标准也正在成为一些国际标准的重要参考和关联。如国际标准化组织制定的 ISO 20400 可持续采购指南、ISO 37001 反腐败管理体系、ISO 45001 职业健康与安全管理体系标准、ISO 20121 大型活动可持续管理体系标准，都将 ISO 26000 社会责任国际标准作为重要的基础性参考。③与管理体系的结合。ISO 26000 标准发布后在促进全球应用组织 ISO

26000 PPO（Post Publication Organization）的努力下，瑞典标准协会（SIS）向国际标准化组织提出申请，制定一个 ISO 26000 指导文件，也就是 ISO IWA 26 指导文件（International Workshop Agreement），来促进 ISO 26000 在全球组织的应用。此外，不同行业依托 ISO 26000 的某些议题制定了更为专门的标准以及社会责任管理体系标准来推动 ISO 26000 的使用，如 ISO 22000（食品安全管理系统）、ISO 9001（质量管理系统）和 ISO 14001（环境管理系统）等。

4.1.4　TCFD 标准的主要内容体系与实践情况

为应对全球气候变化带来的潜在财务风险，获得更多有助于决策的气候相关信息，金融稳定委员会（Financial Stability Board，FSB）于 2015 年 12 月成立气候相关财务信息披露小组（TCFD）。TCFD 由来自全球的 32 名成员组成，成员来自不同组织，包括大型银行、保险公司、资产管理公司、退休基金、大型非金融公司、会计师事务所、咨询机构及信用评级机构等。相关成员与利害关系人利用专业经验以及对现有气候相关披露制度的了解，设计出一套独特、可引用的气候相关财务信息披露架构，以帮助投资人、贷款机构和保险公司了解重大风险。TCFD 的核心要素包括治理、策略、风险管理及指标和目标，这四项要素相互联系、相互支持。TCFD 的框架结构分为建议、建议披露事项、所有行业通用指引、特定行业的补充指引四个部分，这四个部分共同构成了 TCFD 的主要内容体系，建议在四个组织运作的核心因素的基础上，向投资者和其他利益相关者说明如何看待和评估气候相关风险与机会。

2017 年 6 月，TCFD 公布了关于气候的信息披露标准，得到了金融稳定委员会的支持。自 2017 年 6 月发布至 2020 年 3 月底，全世界已有包括美国、英国、中国、日本、德国、南非、加拿大等在内的 78 个国家共 1908 家企业公开宣布对 TCFD 及其建议的支持，涉及金融、消费品、信息技术、房地产、交通运输等 15 个行业，这些公司中的许多家已经开始采取 TCFD 的建议，或者继续完善和改善与气候相关的财务信息披露。与此同时，来自世界各地的 100 余家监管机构和政府实体也公开支持 TCFD，要求那些通过"绿色金融体系网络"来鼓励发行公共债券或股票的公司根据 TCFD 建议按照规定进行披露。

4.1.5 CDP 标准的主要内容体系与实践情况

碳信息披露项目（CDP）旨在管理环境影响，主要指气候、水和森林方面的环境因素，包括六个披露项目：气候变化、水安全、森林、城市、省/州及地区和供应链，通过完成披露项目，填报企业或政府可以识别出管理环境风险和机会的方法，向客户、投资者和市场及企业和政府自身提供必要的碳信息。

2000 年，第一家关于 CDP 的国际组织于伦敦成立，即"CDP 全球环境信息研究中心"，其前身为碳披露项目，是"全球商业气候联盟"的创始成员。2002 年，CDP 以发放问卷的方式首次收集全球企业的碳信息情况。2012 年，CDP 正式进入中国，致力于为中国企业提供一个统一的环境信息平台。时至今日，CDP 在全球范围内与超过 515 家、总资产达 106 万亿美元的机构投资者以及超过 150 家采购企业合作。

CDP 在不同国家和地区的实践也有所差异。具体而言，欧盟碳信息披露主体是由欧盟组织、各成员国政府、各成员国企业等共同构成的，其突出特点是各个成员国共同遵守标准化的碳信息披露要求，可比性和针对性较强，发展也较早。美国的碳信息披露并未形成一个统一的标准，而是重视区域碳发展，是典型的伞形结构监管方式。在美国碳市场的建设中，美国各州政府重视应对环境问题，在共同努力下形成了区域性碳交易市场，并成为美国主要的碳信息披露市场，这为全国性碳市场的建立奠定了基础。日本是伞形国家集团的代表，在一些气候议题上长期追随美国的政策，在减排、资金与技术转让等问题上一度态度消极，甚至出现倒退趋势。但日本作为岛屿国家，极易受到气候影响，适应气候变化以及从根本上减缓气候变化的利益诉求，要求日本积极应对气候变化，因此日本也曾在一段时期内积极参与国际气候治理，并在国内开展了包括碳排放交易实践在内的一系列应对气候变化的工作。澳大利亚要求大型排放设施需要提交碳排放报告，并颁布一系列相关条例规范碳信息披露过程，相关条例主要包括碳排放核算、碳排放报告。中国一直采取低碳经济发展的总体思路与政策，从"十一五"规划到"十四五"规划制定的目标中可见一斑，但受人口体量和经济水平的制约，还处于不断探索低碳发展和信息披露的过程。

4.2 中国企业 ESG 信息披露状况总览

目前中国并没有完整的 ESG 披露标准框架，但多年来在环境、社会、治理方面却从未停止前进的脚步，各部门各机构都在为构建 ESG 披露标准不懈努力。由于中国起步较晚，并且国内环境复杂，目前与发达国家相比仍有一定差距，如信息披露的强制化程度不足、信息披露的内容过于单一、参与披露主体的范围较小、披露内容的格式无统一规定、信息披露报告缺乏独立验证等，但也已经取得了不小的成效，如由自愿披露向强制披露转变、披露内容逐渐全面化、披露主体范围逐步扩大、披露标准逐步细化、董事会作用逐步强化等。

企业社会责任报告是中国企业披露 ESG 信息的主要载体。近年来，A股上市公司发布 ESG 相关报告（包括《环境、社会与管治报告》《可持续发展报告》《社会责任报告》）数量持续增加，从 2017 年的 872 家企业披露发展到 2020 年的 1130 家企业披露。截至 2020 年，沪深 300 上市公司中有 266 家发布报告，占比高达 88.67%（见图 4.1）。由此表明，上市公司的 ESG 披露意识在稳步提升。然而，直接以 ESG 为主题发布的报告数量仍然很少，2017 年为 18 家，2020 年为 66 家，尚不足所有报告数量的 1/10。

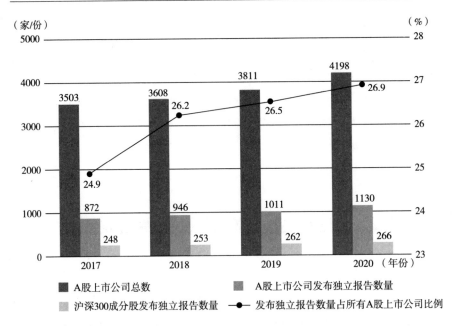

图 4.1   2017~2020 年 A 股上市公司 ESG 相关的报告发布情况

资料来源：A 股上市公司数量及股票代码来自国泰安数据；报告来自企业官网和主要财经网站。

按照 A 股上市公司的股权性质进行分类，发现 2018~2020 年单独披露 ESG 信息报告的情况有以下特点：①国有企业和民营企业发布的独立 ESG 相关报告远多于外资企业和其他企业，并且发布数量逐年上升。此外，国有企业和民营企业发布独立报告的占比逐年增加，表明国有企业和民营企业对 ESG 信息披露的关注度均有提高，并努力践行 ESG 信息披露（见图 4.2）。②不同股权性质之间存在较大差异。国有企业披露数量占比最大，均超过 45%；而民营企业发布独立报告占比最小，均低于 20%（见表 4.1）。这表明在国家政府管控下的国有企业发布单独 ESG 披露报告的积极性更高，对关于 ESG 信息披露政策法规的履行意愿更强。

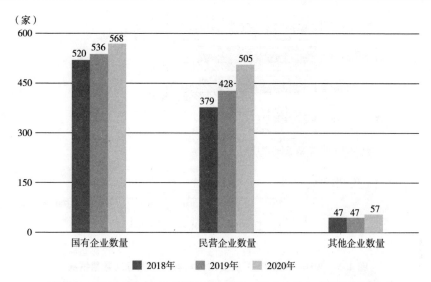

图 4.2　2018～2020 年不同股权性质的 A 股上市公司单独披露情况

注：其他企业是指港澳台商投资企业、中外合资企业、外资企业等不同股权性质分类的企业。

表 4.1　2018～2020 年不同股权性质发布 ESG 报告的占比　　单位：%

股权性质	2018 年	2019 年	2020 年
国有企业	46.68	47.18	48.67
民营企业	16.39	17.31	18.07
其他企业	36.93	35.51	33.26

4.2.1　采用的披露标准

截至 2020 年 12 月 31 日，A 股上市公司发布的独立 ESG 报告依据的披露标准不统一。据统计，参考次数最多的披露标准分别为上交所 CSR 指引、深交所 CSR 指引、GRI 标准和香港联交所 ESG 指引。根据图 4.3，可以发现以下内容：

2018 年，共有 1215 家企业发布独立 ESG 报告。其中，采用上海交易所发布的相关披露指南的企业数量最多，有 374 家。参考国际标准化组织发布的 GRI 标准有 239 家，占比为 19.7%。

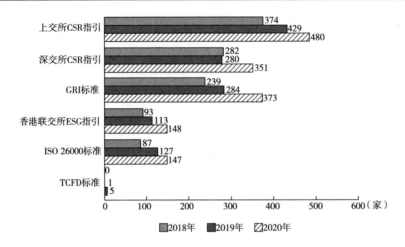

图 4.3   2018~2020 年 A 股上市公司参考不同标准数量情况

资料来源：新浪财经和巨潮资讯网。

2019 年，共有 1363 家企业发布独立 ESG 报告。其中，仅采用深交所 CSR 指引发布相关披露指南的企业略有下降，其他同比 2018 年都出现了增长。参考国际标准化组织发布的 GRI 标准有 284 家，占比为 20.8%。

2020 年，共有 1668 家企业发布独立 ESG 报告。其中，所有上市公司报告参考这些标准的次数均上升，参考国际标准化组织发布的 GRI 标准有 373 家，增幅最大，为 31.34%。这说明中国上市公司发布的 ESG 报告参考国际标准的数量越来越多，积极践行国际上提倡的 ESG 理念。另外，还说明发布的独立报告逐渐重视企业应对气候变化做出的相关活动，响应国家"碳达峰"与"碳中和"的号召。

4.2.2   常见指标披露情况

以 2020 年沪深 300 上市公司为例，研究其发布的 266 份独立披露的 CSR 相关报告，发现以下特点：①沪深 300 成分股上市公司 CSR 报告三方面指标披露程度不一致。环境方面关键指标披露程度最低（披露平均值仅 36.33%，见表 4.2），其中"绿色包装"的披露率仅为 8%，除"能源"外，其他指标的披露率均低于 45%。公司治理披露程度最高（披露平均值为 47.02%），披露率高于 45% 的指标有 3 个。②相关信息披露质量参差不齐。最高披露率为 92%，最低披露率为 4%，两者相差 88%。其中社会方面的披露质量最差，披露的方差最高为 10.42%。此外，披露率高于 90% 的有"慈善行为"和"董事薪酬"，披露率低于 10% 的有"绿色包装""供应链社会责任""反竞争行为"（见图 4.4）。

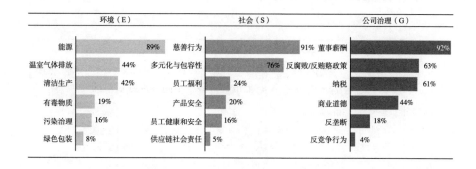

图 4.4　2020 年沪深 300 企业 CSR 报告中 E、S、G 三方面常见指标披露率

资料来源：新浪财经和巨潮资讯网。

此外，研究 2020 年沪深 300 上市公司发布的 26 份 ESG 报告，发现以下特点：①沪深 300 成分股上市公司 ESG 报告三方面指标披露程度不一致。环境方面关键指标披露程度最低（披露平均值为 38.67%，见表 4.2），其中"绿色包装"的披露率仅为 4%，除"能源"和"温室气体排放"外，其他指标的披露率均低于 25%。公司治理披露程度最高，披露率高于 25% 的指标有 4 个。②相关信息披露质量参差不齐。最高披露率为 96%，最低披露率为 4%，两者相差 92%。其中环境方面指标披露率质量最差，披露方差最高为 11.84%。此外，披露率在 90% 及以上的有"能源"和"多元化与包容性"，披露率低于 10% 的有"绿色包装""供应链社会责任""反竞争行为"（见图 4.5）。

对比两者的指标披露率，得出以下结论：①2020 年沪深 300 企业的

CSR 报告与 ESG 报告三方面指标披露率中环境方面披露程度最低，公司
治理方面披露程度最高，且从总体上看，ESG 报告的平均披露率高于 CSR
报告。这在一定程度上说明 ESG 报告在内容上比 CSR 报告更加丰富。
②ESG 报告披露质量有待提高。ESG 指标披露率的方差（10.07%）高于
CSR 指标披露率的方差（8.79%），这意味着 ESG 报告披露的质量不高
（见表 4.2）。为增强指标披露的可信性，相关监管部门应该规范企业对
ESG 报告内容的披露，以便投资者借鉴。

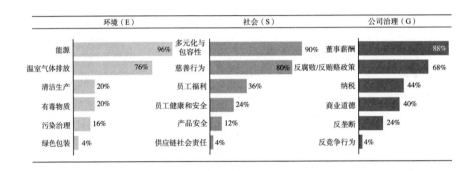

图 4.5　2020 年沪深 300 企业 ESG 报告中 E、S、G 三方面常见指标披露率

资料来源：新浪财经和巨潮资讯网。

表 4.2　2020 年沪深 300 企业 CSR 报告与 ESG 报告

常见指标披露率对比分析　　　　　　单位:%

指标		平均值	方差
CSR	E	36.33	7.30
	S	38.67	10.42
	G	47.02	8.64
	平均值	40.67	8.79
ESG	E	38.67	11.84
	S	41.00	10.76
	G	44.67	7.60
	平均值	41.44	10.07

2021 年发布的政策法规强调上市企业披露环境、社会与公司治理方面的内容，这意味着 2021 年上市公司发布独立 ESG 报告的数量会增加。主要原因是 2021 年发布的一系列政策法规能够提高信息披露的真实性、正确性与透明性，增强了企业信息披露的可信度，为投资者进行决策提供了一份有效的文件。信息的真实性主要强调减少向社会公众传递虚假信息。《刑法修正案（十一）》加大了对虚假披露行为的惩罚范围和金额，在一定意义上提高了信息披露的正确性。2021 年证监会发布的《上市公司投资者关系管理指引（征求意见稿）》强调了环境、社会、公司治理相关内容的披露，突出了上市公司将 ESG 内容与投资者沟通的重要意义。部分政策法规强制重点行业对碳排放量、污染治理等内容进行披露，鼓励企业自愿披露脱贫攻坚成果、乡村振兴等工作情况，提高了企业 ESG 信息披露的透明度。

　　根据本章内容，从企业披露数量来看，上市公司发布单独 ESG 报告的数量逐年上升，这意味着上市公司对 ESG 信息披露的意识逐渐增强。值得注意的是，按照股权性质分类进行分析，发现上市公司发布独立 ESG 报告的企业类型中国有企业和民营企业占绝大多数，且逐年增加。2018年，国有企业中 46.68% 的企业发布独立 ESG 报告。2019 年与 2020 年国有企业披露数量的增长率分别约为 1% 和 3%。同时，在 2021 年政策法规的保驾护航之下，2021 年披露 ESG 信息的上市公司数量应该会呈现突破性上涨。

　　本章除了介绍企业披露数量之外，还包括两部分内容：企业披露参考标准和常见指标披露率。其中，企业披露 ESG 信息参考的标准有国内的也有国际的。国内的标准有上交所 CSR 指引、深交所 CSR 指引、中国社科院 CSR 指引、香港联交所 ESG 指引、国家标准委《社会责任报告编制指南》（GB/T 36001）和国资委《关于中央企业履行社会责任的指导意见》等。国际标准有 GRI 标准、SASB 标准、TCDF 标准和 ISO 26000标准等。

　　从参考的披露标准来看，我国上市公司参考的披露标准以本土标准为主，少数企业参考国际标准。2018~2020 年参考披露标准次数最多的均为上海交易所发布的 CSR 标准，参考报告数量占总报告数量的比例分别为 39.53%、42.43%、42.47%。2018 年与 2019 年上交所与深交所发布的 CSR 标准被参考的数量排在前两位，这两个交易所指引给大多数企业做了参考。值得注意的是，我国上市公司对国际标准的认可度增加。一方面，2020 年 GRI 标准的参考数量超过了深交所 CSR 指引的参考数量，稳居参考数量的第二位。另一方面，参考 GRI 标准的报告数量逐步增加，2018~2020 年占比分别为 25.26%、28% 和 33%。

从常见指标披露率来看，上市公司发布独立 ESG 报告与 CSR 报告均存在信息披露程度不一致与披露质量参差不齐的问题。披露程度不一致体现在以下两个方面：①独立发布的 ESG 报告与 CSR 报告中环境（E）、社会（S）、治理（G）三方面的常见指标披露率最高值与最低值差距巨大，均相差 80% 以上。②环境、社会、治理三方面常见指标披露率平均值不高且存在不一致的问题。根据表 4.2，两类报告的常见指标披露率的平均值均在 40% 以上。CSR 报告三方面的常见指标披露率分别为 36.33%、38.67% 和 47.02%；ESG 报告三方面的常见指标披露率分别为 38.67%、41.00% 和 44.67%。披露质量参差不齐体现在以下两个方面：①ESG 报告与 CSR 报告的常见指标披露率的方差平均值均高于 8%。②CSR 报告三方面的常见指标披露率的方差分别为 7.30%、10.42% 和 8.64%；ESG 报告三方面的常见指标披露率的方差分别为 11.84%、10.76% 和 7.60%。

通过对比 ESG 报告与 CSR 报告的常见指标披露率，发现 ESG 报告披露信息的内容更加丰富，但披露的质量有待提高。尤其是环境方面，ESG 报告的能源指标披露率为 96%，温室气体排放指标披露率为 76%，而 CSR 报告分别为 89%、44%。这意味着 ESG 报告更加注重对能源和温室气体排放指标的披露，向社会公众披露更多的环境信息。ESG 报告的披露方差比 CSR 报告大，ESG 报告为 10.07%，CSR 报告为 8.79%。虽然两者的披露方差都很大，但 ESG 报告披露质量更差。为了更好地向投资者展现 ESG 表现，企业应提高 ESG 信息的正确性和严谨性。结合以上内容研究发现，对 ESG 报告的要求不能只追求内容丰富，还需要强调披露信息的质量，以提高信息披露的可信性。

4.3　ESG 披露标准的"1+N"体系构建

4.3.1　"1+N"体系构建背景

2020 年 9 月，国家提出了"碳达峰""碳中和"的战略目标，这既是推动经济高质量发展的内在要求，也是构建人类命运共同体的责任担当。ESG 经过数十年的发展，已经成为国际上企业非财务绩效的主流评价体系，也是推动企业可持续发展的核心框架和系统方法论。企业践行 ESG 理念，与国家提出生态优先、绿色低碳的目标高度契合。ESG 标准是企业进行 ESG 治理实践和信息披露的方法依据和行动指南，是投资与评价机构开展 ESG 投资和评估的逻辑依据，也是政府部门制定、执行 ESG 有关政策并进行监管的决策参考。

从 20 世纪 90 年代开始，国际上就逐步成立了多个设立 ESG 标准及指引的组织；现阶段，有影响力的标准制定组织纷纷寻求标准的整合契机，旨在形成全球范围内有广泛影响力的 ESG 标准。目前国外尚无统一且适合中国情境的 ESG 披露标准，国内也尚未形成涵盖 ESG 的标准体系，因此在当前阶段抓紧启动我国企业 ESG 标准化建设，是顺应国内潮流且符合国际趋势的政策布局。

由各种行业体系构成的整个国民经济体系中，既存在着所有行业所共有的共性 ESG 因素，又由于各行业的特殊属性而具有一定的个性因素，因此，基于这一基本国情，在借鉴 GRI 的通用标准逻辑和 SASB 的特定行业标准逻辑基础上，遵循共性标准结合行业个性特色的逻辑构筑了中国企业 ESG 披露标准体系，形成"通用标准+行业实质性议题"的中国企业

ESG 披露标准"1+N"体系。该框架包含"1"个适用于各种行业、不同规模、不同类型的企业 ESG 披露的通用标准，以及"N"个适用于特定行业中所涉及企业 ESG 披露的行业实质性议题，此处"特定行业"依据中国证券监督管理委员会公布的《上市公司行业分类指引（2012 年修订）》划分。

通用标准遵循实质性、集成性、系统性等基本原则，分别从环境、社会、治理三大维度，从资源消耗、防治行为、废物排放、劳工权益、产品责任、社区响应、时代使命、治理结构、治理机制、治理效能十个方面构建了中国企业 ESG 披露标准。行业 ESG 实质性议题则包含该行业中与可持续发展相关、实现各方价值的议题。该框架适用于涉及各项国民经济活动的企业，可指导企业根据关键 ESG 议题进行治理实践和信息披露，是推动企业可持续发展和经济高质量发展的基础设施。构建立足全局、符合国情、接轨国际的集成性、系统性、前沿性、综合性的中国企业 ESG 披露标准"1+N"体系，能够有效促进"双碳"目标实现，推动构建"双循环"新发展格局与经济高质量发展，为全球治理贡献力量。

4.3.2 构建标准的原则

（1）实质性：制定标准要遵循实质性原则。实质性原则影响着所披露信息的质量和有效性，应当符合企业能够用于评估对其自身、利益相关方和社会在 E、S、G 三个方面能够直接或间接创造价值的要求，有助于企业识别出该因素在影响其财务和非财务方面的重大风险和机会，对于利益相关方和行业自身发展都具有实用价值且都是最为重要和关键的核心议题。制定行业 ESG 披露标准的价值在于让行业企业所披露的信息能够使投资者、监管者以及利益相关者了解企业的经济效益、社会效益和环境效益的实现程度及其履行过程，使信息更具有决策相关性和实用价值。因此，在制定标准时遵循实质性原则，有利于行业企业聚焦于对相关各方都有价值的可持续性发展议题、有利于投资者在实质性方面对企业进行横向比较以及规避信息披露中的无效信息。

（2）集成性：制定标准要遵循集成性原则。集成性原则是指对各种来源信息的集成，要在我国行业 E、S、G 三方面协同发展以及相关国际标准体系的基础上得出，集成理论研究、相关制度、市场特征三个维度的诉求和约束。对于我国行业而言，应在汲取国际优秀经验的基础上，通过多途径、多渠道将有关该行业的各种来源信息进行整合，从中提炼出有价值的信息并发挥其最大作用，以我国国情和行业现状为依据，发挥和利用我国的制度优势和政策优势，从 E、S、G 三方面制定与我国国情相适应的、符合我国该行业发展趋势、能体现整个行业内的共性以及与其他行业有着明显区分的具有中国特色的行业 ESG 披露标准，形成适用于我国行业的标准体系，更好地服务于我国行业的可持续发展。

（3）系统性：制定标准要遵循系统性原则。系统性原则是指应将行业 ESG 披露标准视为一个规范的、严谨的、全面的体系，考虑标准体系最终是为社会和行业投资者所服务，并从社会和投资者角度系统化、规范化地将潜在影响该行业可持续发展的要素整合成实质性议题，各议题应彼此联系、相互协调、互为补充，共同构成一个层次分明、清晰全面的系统化和完整化体系。系统性原则是保证所制定的标准正确性和科学性、与行业相匹配的重要原则，整个体系中的单个议题能反映行业发展的某一方面，而议题的综合又能反映行业整体情况，以制定客观且透明、具有可信程度的行业 ESG 披露标准。

4.4　中国 ESG 研究院 ESG 披露标准

4.4.1　通用披露标准

如前文所述，结合我国 ESG 信息披露实践，分别从环境、社会、治理三大维度，从资源消耗、防治行为、废物排放、劳工权益、产品责任、社区响应、时代使命、治理结构、治理机制、治理效能十个方面构建中国企业 ESG 披露通用标准。该标准适用于涉及各项国民经济活动的企业，可指导企业根据关键 ESG 议题进行治理实践和信息披露，是推动企业可持续发展和经济高质量发展的基础设施。

在理论方面，通过收集和处理国内外与环境责任、社会责任和公司治理主体相关文献，发现涉及的相关理论有可持续发展理论、利益相关者理论、委托代理理论和合法性理论，这四种理论在国内外经历了较长时间的发展，比较完善，在资本市场上也得到了广泛的应用。因此，将这四种理论作为提出 ESG 披露标准的理论支持，并分析其与 ESG 政策披露的关系。

在制度方面，基于国内 ESG 相关政策，采用文本分析法提炼出符合中国国情并具有中国特色的相关议题。文本分析法可以对大规模长时间的公开资料进行分析，优势在于将定性的文字资料转化为反映内容本质的数据资料，保证研究的客观性和准确性。纵观国内 ESG 发展历程，可以看出 ESG 发展以国家政策为导向，因此可以从大量的政策文本中梳理归纳中国 ESG 披露标准的内在逻辑。

在市场方面，基于国内外 ESG 相关标准、企业 ESG 相关报告和国内典型企业，进行国内 ESG 披露标准体系的优化确定。采用主题建模、网络分析和聚类分析方法，提炼出共性的 ESG 通用标准。采用频度分析法和案例分析法，识别出应用较为广泛的通用指标。

通过综合梳理与分析相关理论、制度和市场，同时对标 SASB、GRI 等国际标准议题，得出中国企业 ESG 披露的通用标准，包括一级标准 3 项，二级标准 10 项，三级标准 32 项。具体可分为：

（1）环境标准：关注企业环境绩效的投资理念和企业评价标准，包括资源消耗、防治行为、废物排放。

（2）社会标准：关注企业社会绩效的投资理念和企业评价标准，包括劳工权益、产品责任、社区响应、时代使命。

（3）治理标准：关注企业治理绩效的投资理念和企业评价标准，包括治理结构、治理机制、治理效能。

通用标准名称及性质如表 4.3 所示。

表 4.3 通用标准名称及性质

一级标准	二级标准	三级标准	四级标准	标准性质
环境	资源消耗	资源使用管理	水资源使用管理政策描述（包含组织如何与水资源相互影响、用于确定水资源相互影响的方法、处理水资源相关影响的方式、制定水资源相关目标的过程等）	定性
			取水量	定量
			耗水量	定量
			单位产品/单位营收/单位利润的耗水量	定量
			物料使用管理政策描述（原料/工艺物料/半成品/零件/用于包装用途的物料等）	定性
			用于生产和包装组织主要产品及服务的物料的总重量或体积（区分不可再生材料和可再生材料）	定量
			单位产品/单位营收/单位利润的物料消耗量（区分不可再生材料和可再生材料）	定量
	防治行为	废弃物处理与再循环	固体废物标准描述（包含根据国家法规确定危险废物、固体废物处置最低标准以及标准确定的依据）	定性
			固体废物处置流程描述（确定废弃物处理方法的过程，区分组织直接处理和废弃物处理承包商处理两种方式）	定性
			危险废物重量（按再利用、循环、堆肥、回收、焚烧、深井灌注、填埋、就地贮存等处理方法细分）	定量
			非危险废物重量（按再利用、循环、堆肥、回收、焚烧、深井灌注、填埋、就地贮存等处理方法细分）	定量
			用于主要产品和服务的回收进料百分比	定量
		节能减排	公司能源政策描述（包含组织在能源方面的影响、组织在与上下游活动中的能源消耗、所消耗能源的类别及是否为可再生能源等）	定性
			能源消耗总量（包含耗电量、耗热量、耗冷量、耗气量）	定量

续表

一级标准	二级标准	三级标准	四级标准	标准性质
环境	防治行为	节能减排	不可再生能源消耗量（区分矿物、金属、油气、煤炭等）	定量
			可再生能源消耗量（区分地热、风能、太阳能、水力和生物质能等）	定量
			人均能源消耗量	定量
			能源消耗强度比（组织特定的指标分母可包括产品或服务单位、产量、占地面积、员工数、收入或销售额）	定量
			温室气体减排量（因减排举措直接减少的温室气体排放，纳入计算的气体包括 CO_2、CH_4、N_2O、HFC_S、PFC_S、SF_6、NF_3 等，以 CO_2 当量公吨数表示）	定量
		污染治理	废水排放标准描述（废水排放的最低标准以及标准确定的依据）	定性
			废水处理流程描述（描述废水处理级别：一级处理：去除漂浮在水面的固体物质；二级处理：去除残留在水中或已溶解或悬浮在其中的物质和材料；三级处理：去除重金属、氮和磷等）	定性
			废水处理量	定量
			废气排放标准描述（包含根据相关法规确定的废气种类、废气排放最低标准以及标准确定的依据）	定性
			废气处理流程描述（说明是否受任何国家、地区或行业层面的排放法规和政策的约束，用于处理排放以及购买排放证书的支出）	定性
			废气处理量	定量
	废物排放	废气排放	直接温室气体排放总量（纳入计算的气体包括 CO_2、CH_4、N_2O、HFC_S、PFC_S、SF_6、NF_3 等，以 CO_2 当量公吨数表示）	定量
			能源间接温室气体排放总量（纳入计算的气体包括 CO_2、CH_4、N_2O、HFC_S、PFC_S、SF_6、NF_3 等，以 CO_2 当量公吨数表示）	定量

续表

一级标准	二级标准	三级标准	四级标准	标准性质
环境	废物排放	废气排放	其他间接温室气体排放总量（纳入计算的气体包括 CO_2、CH_4、N_2O、HFC_S、PFC_S、SF_6、NF_3 等，以 CO_2 当量公吨数表示）	定量
			臭氧消耗物质（ODS）的排放	定量
			氮氧化物（NO_X）、硫氧化物（SO_X）和其他重大气体排放	定量
			废气排放强度比（组织特定的指标分母可包括产品或服务单位、产量、占地面积、员工数、收入或销售额）	定量
		污染物排放	危险废物排放强度比（组织特定的指标分母可包括产品或服务单位、产量、占地面积、员工数、收入或销售额）	定量
			废水排放强度比（组织特定的指标分母可包括产品或服务单位、产量、占地面积、员工数、收入或销售额）	定量
社会	劳工权益	性别平等	公司支持性别平等的政策描述	定性
			管理层性别比例	定量
			非管理层员工性别比例	定量
			各员工类别的男女员工基本工资和报酬的比例	定量
		劳工保障	公司劳工保障政策描述（包含劳工保障条款或已进行劳工保障审查的重要投资协议和合约等）	定性
			劳工保障政策或程序方面的员工培训总小时数/员工百分比	定量
			有关运营变更的最短通知期	定性
			具有重大事件风险的运营点和供应商（包含使用童工、使用年轻工作者从事危险工作等）	定性
			歧视事件总数及采取的纠正行动	定量/定性
			育儿假（按性别划分的享受育儿假、休育儿假、育儿假结束后返岗的员工总数；休育儿假的员工返岗率和留任率）	定量

续表

一级标准	二级标准	三级标准	四级标准	标准性质
社会	劳工权益	就业机会	公司招聘政策描述	定性
			管治机构与员工的多元化（按年龄组别、性别和少数群体或弱势群体等多元化类别计算的员工百分比）	定量
			新进员工总数与比例（按年龄组别、性别和地区划分）	定量
			流失员工总数与员工流动率（按年龄组别、性别和地区划分）	定量
			员工薪酬及福利（包含人寿保险、卫生保健、伤残保险、育儿假、退休金、股权等）	定量/定性
		员工发展	每名员工每年接受培训的平均小时数（按性别、员工类别划分）	定量
			员工每年培训总支出	定量
			员工每年培训人均支出	定量
			员工内部培训课程目录	定性
			员工接受外部培训的课程目录或者获得的资金支持	定量/定性
			员工技能提升方案和过渡协助方案	定性
			定期接受绩效和职业发展考核的员工百分比（按性别、员工类别划分）	定量
	产品责任	产品安全与质量	公司产品质量与安全政策描述	定性
			评估其健康与安全影响得到改善的重要产品或服务类别的百分比	定量
			涉及产品和服务的健康与安全的违规事件（包含因违反规定而受到罚款或处罚的事件、受到警告的事件、违反自愿性守则的事件）	定量/定性
		生产规范与危险管理标准	公司生产规范与危险管理政策描述	定性
			因违反生产规范而受到罚款或警告的事件数量	定量/定性
		供应链效应	公司供应商管理政策描述	定性
			供应链对社会的负面影响以及采取的行动（开展社会影响评估的供应商数量、供应链中具有的实际和潜在重大负面社会影响及供应商数量、经评估后同意改进和决定终止关系的供应商百分比）	定量/定性
			使用社会标准筛选的新供应商百分比	定量

续表

一级标准	二级标准	三级标准	四级标准	标准性质
社会	社区响应	合规发展	公司合规管理政策描述	定性
			违反社会与经济领域的法律和法规（包括高额罚款的货币总值、非货币制裁总数、通过争端解决机制提起的案件）	定量/定性
			因违反法律法规而受到罚款的金额数量	定量
			因违反法律法规而受到制裁的事件数量	定量
		商业道德	描述公司价值观、原则、标准和行为规范	定性
			对公司员工开展职业行为规范培训的小时数	定量
			公司员工是否需要定期阅读更新的相关文件信息	定性
			是否有管理层对相关文件的制定负责	定性
			是否建立对不道德或非法行为的举报机制	定性
			员工和其他利益相关方是否对举报机制知情	定性
			举报机制是否对问题予以保密处理	定性
			举报机制是否可匿名使用	定性
			举报机制是否对举报人有保护机制（无报复政策）	定性
			报告期内收到报告的总数、类型	定量
		社区关系管理	有当地社区参与、影响评估和发展计划的运营点	定性
			有对当地社区有实际或潜在重大负面影响的运营点	定性
			社区服务	定性
		公众利益与公民责任	社会公益活动参与情况	定性
		慈善事业	社会捐赠	定量/定性
	时代使命	扶贫与区域发展贡献	年度具体扶贫计划内容	定性
			年度具体扶贫计划完成程度	定性
			年度具体扶贫计划目标效果	定性
			精准扶贫	定性
			扶贫公益活动	定性
			扶贫投资项目	定性
		重大事件应急能力	公司应急管理政策描述	定性
			支援抗灾活动描述	定性

续表

一级标准	二级标准	三级标准	四级标准	标准性质
社会	时代使命	高质量发展贡献	响应国家战略发展的项目描述	定性
治理	治理结构	股份设置	公司股权结构描述	定性
		所有权结构	所有权的性质与法律形式	定性
		控制权结构	公司控制权结构描述	定性
		治理多元化	管治机构成员性别比例	定量
			管治机构成员年龄比例	定量
			管治机构成员专业背景分布	定性
		党建结构	公司党建工作结构描述	定性
			党支部数量	定量
			党员数量	定量
			基层党组织建设情况	定性
			主题教育活动开展情况	定性
	治理机制	表决机制	公司表决制度描述	定性
		问责机制	公司问责制度描述	定性
		高管激励	高管报酬政策描述	定性
			高管绩效标准与公司 ESG 目标是否有关联	定性
			决定报酬的过程	定性
		党建机制	党建体系制度描述（包含组织体系、工作机制、组织功能、支撑保障等方面）	定性
	治理效能	信息公开透明	公司信息披露制度描述	定性
			因违反信息披露规定而受到的处罚事件数量	定量
		风险管理与治理异常	公司风险管理制度描述	定性
			对公司有重大影响的风险种类描述	定性

4.4.2 货币金融服务行业特定披露标准

本标准在中国 ESG 研究院提出的"中国企业 ESG 披露通用标准"的

基础上，结合货币金融服务行业的自身特点，立足环境、社会、治理三大维度，结合相关的理论基础、政策制度和市场实践因素等提出货币金融服务行业实质性议题。具体地，通过引用信息安全技术个人信息安全规范、个人金融信息保护技术规范、金融机构环境信息披露指南等文件，提出了货币金融服务行业实质性议题的总体要求和标准体系。

在理论、制度和实践等方面，基于可持续发展理论、绿色金融驱动因素和转型路径探究的学术研究、气候风险下金融行业的物理风险和转型风险、构建绿色金融体系的因素等，本行业考虑了"绿色金融"这一实质性议题，这一议题的测度侧重金融机构的绿色金融业务发展情况，主要测量各类绿色金融业务的占比、增速和产业支持情况等。基于可持续发展理论、金融对环境风险分析的关注，以及金融机构依托资金流推动国民经济体系可持续发展的特殊定位等，本行业考虑了"气候风险管理"这一实质性议题，这一议题的测度侧重金融机构自身应对气候风险的成效和促进其他实体应对气候风险的成效，主要以节能减排的成效来测量。

在理论、制度和实践等方面，基于普惠金融模式的创新发展、大力支持普惠金融发展的政策背景以及学术界对数字普惠金融、农业普惠金融、普惠金融与精准扶贫的关注，本行业考虑了"普惠金融"这一实质性议题，这一议题的测度侧重金融机构普惠金融业务的发展，主要以业务占比、增速等测量。基于金融机构服务实体经济、助力经济高质量发展的重大使命，响应国家重大战略的丰富实践，服务实体经济的模式创新探索，本行业考虑了"服务实体经济"这一实质性议题，这一议题的测度侧重金融机构支持民营企业、国家重大战略相关项目、基建项目的实践，以项目贷款额进行测量。基于对金融信息安全、隐私保护的关注，以及信息泄露实践的频繁发生，政策层面对金融数据安全的重点关注，学术上对数字安全治理的探讨，本行业考虑了"客户隐私和数据安全"这一实质性议题，这一议题的测度侧重是否重视客户隐私和数据安全（制度建设和培训）、发生客户隐私和数据泄露的情况（次数和损失），是否未雨绸缪，有效避免了欺诈事件。

在理论、制度和实践等方面，基于金融机构面临严峻的合规性监管、过度激励下金融销售不合规现象的频发、政策上对投资者合法权益保护、消费者权益保护的重视和对销售管理的监管，本行业考虑了"销售合规性"这一实质性议题，这一议题的测度侧重是否开展了投资者教育培训、是否有相关法律诉讼、客户反馈如何。基于金融科技创新的发展趋势，金融科技发展规划的出台，学术上对金融科技应用、降本增效的机制研究，本行业考虑了"金融科技"这一实质性议题，这一议题的测度侧重金融科技业务情况（渠道拓展）、效果（增效降本）、研发创新（专利）和投入（资金和人才）。基于互联网金融风险整治、系统性风险监管，学术上对金融风险测度、化解系统性金融风险的研究，本行业考虑了"金融风险管理"这一实质性议题，这一议题的测度侧重风险管理政策和机制、银行压力测试、相关培训、风险水平、风险迁徙和风险抵补。

具体的货币金融服务行业 ESG 披露标准如表 4.4 所示。

表 4.4 货币金融服务行业 ESG 实质性议题及说明

实质性议题	指标	指标说明	指标性质
绿色金融	绿色金融业务	以绿色金融业务的总额占比（%）和增速（%）测算，包括但不限于绿色贷款、绿色证券、绿色股权投资、绿色租赁、绿色信托、绿色理财等	定量
	绿色金融业务风险	以绿色金融业务金融风险总额占比（%）和增速（%）测算，根据《银行业金融机构绿色金融评价方案》，绿色金融业务风险总额是指未按约定交割的绿色金融业务总额（如不良绿色贷款余额、超期未兑付的绿色债券余额）	定量
	绿色产品投资	以绿色产品投资总额占比（%）和增速（%）测算	定量
	机构支持绿色产业发展情况	包括支持绿色项目发展资金规模、利率、投向、放款计划、贷后管理等	定性

续表

实质性议题	指标	指标说明	指标性质
气候风险管理	温室气体排放总量	金融机构的温室气体排放总量（吨二氧化碳当量）	定量
	绿色贷款项目实现节能减排	主要测量金融机构在节能减排方面的溢出效应，以通过绿色贷款项目实现的项目主体节能减排量核算，按照水、标煤、二氧化碳等进行分类核算（万吨）	定量
	"两高一剩"行业贷款	金融机构针对"两高一剩"行业的贷款余额占比（%）及其下降趋势（%）	定量
普惠金融	普惠金融业务	以普惠金融总额占比（%）和增速（%）测算，普惠金融业务包括惠农贷款、小微贷款等	定量
	普惠贷款利率	以普惠金融业务的贷款利率（%）测算	定量
服务实体经济	支持民营企业	为民营企业提供的贷款总额（亿元）	定量
	支持国家重大战略相关项目	为国家重大战略相关项目提供的贷款总额（亿元）	定量
	支持基础建设项目	支持基础建设项目贷款总额（亿元）	定量
客户隐私和数据安全	客户隐私和数据安全制度	描述识别和处理客户隐私和数据安全风险的方法、制度及体系建设	定性
	客户隐私和数据安全培训	客户隐私和数据安全培训的活动次数（次）、参与人员数（人）、活动覆盖率（%）等	定量
	客户隐私和数据安全泄露	客户隐私和数据安全泄露事件次数（次）及受影响的客户数（个）和经济损失总额（万元）	定量
	避免外部欺诈风险事件	避免外部欺诈风险事件次数（次）及客户资金损失总额（万元），避免外部欺诈风险包括堵截伪冒开户、伪造印鉴、电信网络诈骗、伪造变造票据等事件	定量
销售合规性	投资者教育培训	投资者教育培训的活动次数（次）、参与人员数（人）、活动覆盖率（%）等	定量
	法律诉讼	与产品销售和服务相关的法律诉讼（次）所造成的总损失金额（万元）	定量
	客户反馈	客户投诉数（次）、客户办结率（%）、客户综合满意度（%）及 NPS 值（净推荐值）	定量

续表

实质性议题	指标	指标说明	指标性质
金融科技	金融科技服务渠道拓展	包括 PC 渠道用户数占比（%）和交易额占比（%）、手机 App 渠道用户数占比（%）和交易额占比（%）、自助设备覆盖率（%）、离柜业务率（%）	定量
	金融科技服务增效降本	智能投顾业务笔数占比（%）和金额占比（%）、手机 App 渠道金融服务场景数量（个）和民生服务场景（个）、业务自动化程度、业务处理时间、单账户成本	定量
	金融科技研发	包括：金融科技基础研究，以专利申请授权数量（件）和软件著作权数量（件）测量；自研业务系统开发，以自研系统投入占比（%）测量	定量
	金融科技投入	包括：资金投入，以金融科技方面的科技投入金额（亿元）和占比（%）测量；人才投入，以金融科技人员占比（%）、金融科技相关培训平均人次（人）、金融科技人员变动率（%）测量	定量
金融风险管理	风险管理政策和机制	涵盖信用风险、资产风险、市场风险、流动性风险等方面的风险管理政策和机制设计情况	定性
	银行压力测试	是否开展了银行压力测试，开展次数及针对测试结果的描述	定性
	风险管理培训	风险管理培训的活动次数（次）、参与人员数（人）、活动覆盖率（%）等	定量
	风险水平	流动性风险［流动性比例、核心负债依存度、流动性缺口率（%）］；信用风险［不良资产率、单一集团客户授信集中度、全部关联度］；市场风险［累计外汇敞口头寸比例、利率风险敏感度（%）］；操作风险［操作风险损失率（%）］	定量
	风险迁徙	正常贷款迁徙率、不良贷款迁徙率（%）	定量
	风险抵补	盈利能力［成本收入比、资产利润率、资本利润率（%）］；准备金充足程度［资产损失准备充足率（%）］；资本充足程度［资本充足率（%）］	定量

4.4.3 房地产行业特定披露标准

本标准在中国 ESG 研究院提出的"中国企业 ESG 披露通用标准"的基础上，结合我国房地产行业自身特点，立足环境、社会、治理三大维度，结合相关的理论基础、政策制度和市场实践等方面的因素，提出房地产行业实质性议题及依据。

在理论、制度和实践等方面，基于可持续发展理论中要求将人类活动对空气、水和自然要素负面影响最小化，在政策中倡导房地产行业与国家应对气候变化战略目标相协调、相衔接，在实践中提出要采取加强气候和空气污染控制的措施等，本行业考虑了"应对气候变化风险管理"这一实质性议题，该议题的度量侧重于房地产企业在评估和应对气候变化风险方面的举措。基于实践中房地产企业存在包括为公司提供物料、物资和服务的供货商、承包商、分包商及物业管理公司等众多产业链合作方，本行业考虑了"绿色建材供应链管理"这个实质性议题，该实质性议题的度量侧重于从供应链的角度披露企业在促进绿色可持续发展方面的举措。基于理论中提出可持续发展的实现要依赖于绿色高效的技术、政策中要求新建民用建筑要达到节能标准并大力推动装配式建筑、绿色低碳建筑，本行业考虑了"绿色建筑"这个实质性议题，该实质性议题的度量侧重于房地产企业在绿色建筑、绿色施工、噪声防治等方面的表现。基于实践中房地产所有者在影响租户的可持续发展方面发挥着重要作用，本行业考虑了"绿色物业"这个实质性议题，该实质性议题的度量侧重于房地产企业所提供的可持续性物业服务以及有效管理租户可持续性影响方面的举措。

在理论、制度和实践等方面，基于实践中对智慧建筑的需求、"两山理论"倡导房地产企业借助乡村振兴的契机进行业务转型，本行业考虑了"绿色智慧地产"这个实质性议题，该实质性议题的度量侧重于披露房地产企业在推动智慧建筑和乡村振兴方面的举措。基于政策要求企业推动保障性安居工程建设、完善住房策略和供应体系，本行业考虑了"保障性安居工程建设"这个实质性议题，该实质性议题的度量侧重于房地产企业参与政府的保障性住房项目和长租公寓的建设。基于实践中房地产企业可能会存在一定的安全隐患，本行业考虑了"施工安全与员工健康保障"这一实质性议题，该议题的度量侧重于披露房地产企业如何管理并避免未知的风险，加强安全设施建设，保障员工生命健康。基于实践中房地产服务公司的商业模式需要公开透明的市场信息和满足行业道德标准的服务、经纪和评估服务可能会存在利益冲突和疏忽的风险等，本行业考虑了"信息透明和利益冲突管理"这一实质性议题，该实质性议题的度量侧重于企业如何管理和避免这些风险，以及由此产生的经济后果。

根据我国房地产行业的发展现状、行业特征以及国家相关政策法规，结合与房地产行业相关的理论研究、相关制度、市场特征，基于环境（E）、社会（S）、治理（G）三个维度，从应对气候变化风险管理、绿色建材供应链管理、绿色建筑等八个方面制定了房地产行业的 ESG 披露标准，如表 4.5 所示。该标准旨在为房地产行业规范自身生产行为和经营活动、实现行业的可持续发展、提升其 ESG 表现提供导向，为行业投资者提供全面评估企业的依据。

表 4.5　房地产行业 ESG 实质性议题及说明

实质性议题	指标	指标说明	指标性质
应对气候变化风险管理	减缓气候变化行动	当年降低的建筑能耗（定量/吉焦）；提升作业效能（百分比）；设计和开发可抵御极端天气、更好应对气候变化的建筑项目数量（个）	定量
	气候变化风险分析	气候变化风险敞口分析以及缓解风险策略的描述	定性
	气候风险管理	描述已经及可能对企业产生影响的重大气候相关事宜及应对行动；针对气候风险及机遇制定的管制措施	定性

续表

实质性议题	指标	指标说明	指标性质
绿色建材供应链管理	供应链的环境与安全数据	规划设计、采购、施工、运营各个环节的绿色实践；供应链上游企业环境合规检索合格率（百分比）	定性/定量
	绿色采购管理	木制品采购来源地的披露；包装纸箱采购总量（千克）；采购过程中如何考虑气候变化因素	定性/定量
	承包商安全管理	承包商的履约管理；描述在挑选承包商时促使其采用环保产品及服务的惯例以及相关执行和监督方法	定性
绿色建筑	绿色建筑项目认证	获得绿色建筑认证项目数量（项）	定量
	绿色建筑资金分配	绿色建筑获得资金分配（亿元）	定量
	绿色能源使用情况	利用太阳能、空气能比例（百分比）	定量
	绿色建筑拥有量	满足国家绿色建筑评价标准建设的项目：数量（个）和面积（万平方米）；满足 LEED 认证标准建设的项目数量（个）；装配式建筑总面积（平方米）；应用装配式建筑技术占比（百分比）	定量
	新增绿色建筑量	当年新增绿色建筑项目：面积（平方米）和占比（百分比）；每年申报绿色建筑的数量（个）和面积（万平方米）	定量
	绿色施工	绿色建筑施工环评达标率（%）；绿色建材使用率（%）；木模板使用量减少比率（%）；建筑垃圾产生量减少比率（%）	定量
	噪声治理	描述企业在施工中降低噪声污染的措施；描述对建筑内产生噪声的设备进行的降噪工程	定性
	绿色融资	发行绿色债券、绿色信贷和绿色保险（以绿色金融的名义支持企业开发绿色建筑）（份）；绿色债券规模（募集资金将用于绿色项目的研究、开发与运营）（亿元）	定量
绿色物业	提供可持续服务的建筑面积	所管理的提供能源控制和可持续服务的建筑面积（平方米）；建筑物的数量（个）	定量

续表

实质性议题	指标	指标说明	指标性质
绿色物业	提供可持续服务的收益	由于提供能源控制和可持续服务所带来的成本节约与收益（记账货币）	定量
	能源评级	所管理的获得能源评级的建筑面积（平方米）和建筑物的数量（个）；已获得能源评级的合格投资组合百分比（%）；能源管理平台通过验收的项目个数（个）	定量
	设备改造	酒店管理集团对老旧照明设备进行节能改造：节约的电量（千瓦时）和改造照明的覆盖比例（%）	定量
	绿色租赁	绿色租赁的建筑面积（平方米）；签约绿色租赁条约和签署环境承诺的租户或业主数量的占比（%）	定量
	租户环境履约管理	是否设立巡查组，对租户环境履约情况进行监督（次）	定量
	租户耗能优化	通过智慧能耗系统的测量，对租户能耗提出优化改进对策（条）	定量
绿色智慧地产	智慧建筑	智慧停车场建设；智慧交通设施建设；智能防火设施覆盖项目数量（个）；新风系统配备比率（%）	定性/定量
	海绵城市建设	建设海绵城市项目的数量（个）和面积（万平方米）	定量
	乡村改造与特色小镇	乡村居住环境改造面积（平方米）；开发特色小镇标杆项目数量（个）；特色小镇开发建设面积（平方米）；特色小镇建设相关收益（万元）；"田园社区"示范项目建设情况；联建联营示范村项目建设情况	定量/定性
保障性安居工程建设	保障性住房建设量	保障性住房的建设数量（套）；保障性住房新增面积（平方米）	定量
	租赁性住房拥有量	长期租赁房数量（套）	定量
	保障性住房占比	保障性住房占全部建筑住房的百分比（%）	定量

续表

实质性议题	指标	指标说明	指标性质
施工安全与员工健康保障	安全生产管理	实施安全管理体系认证（个）；安全生产投入（万元）；应急演练次数（次）；消防演习次数（次）	定量
	员工安全与健康	一般及以上工伤事故发生数（次）；工伤事故死亡人数（人）	定量
	项目施工安全管理	描述如何加强项目安全运营管理和施工安全管理，开展各类安全隐患排查与治理，全方位保障员工的安全健康	定性
信息透明和利益冲突管理	评级情况	总部及所属单位发布的报告获得相关机构的评级情况（份）	定量
	收益	经纪代理交易的相关收益量（记账货币）	定量
	经济损失总额	由于发生与职业道德（包括勤勉义务）有关的法律诉讼所造成的金钱损失总额（记账货币）	定量

4.4.4 水上运输行业特定披露标准

在理论方面，选取了 2018～2021 年 EI、CSCD、CSSCI、北大核心等级别的优秀期刊，包括《上海海事大学学报》《交通运输工程学报》《中国流通经济》《中国管理科学》《中国航海》《安全与环境学报》《大连海事大学学报》等优秀的学术期刊，文献涵盖了水上运输的水上货物运输、水上旅客运输以及水上运输辅助性活动码头三个方面的内容，涉及海洋环境污染、可持续发展理论、环境可持续管理研究、利益相关者理论、绿色航运、船舶管理等行业议题。

在制度方面，与国外 ESG 标准发展进程相比，我国在制定标准或指南上主要依靠政府指导，生态环境部、证监会等监管机构已针对重点行业或者上市公司提供环境和社会信息披露指引，但尚未形成涵盖环境、社会与治理的整合标准体系。依据国务院、新华社、交通运输部等机构发布的相关文件，根据文件中与水上运输业相关的内容对有关议题进行披露，涉及绿色低碳、脱贫攻坚、航道治理、双碳战略等行业议题。

在实践方面，依据水上运输行业中很多企业已经发布的 ESG 报告、可持续发展报告或者社会责任报告，例如中远海能发布了 2020 年的企业社会责任报告，中远海特发布了 2020 年 ESG 及社会责任报告等，涉及生态优先、绿色水运环境、航道整治、船员教育培训、船员权益、应急管理等行业议题。

通过对理论、制度、市场三方面梳理对象的综合分析，同时对标 SASB、GRI 等国际标准议题，得出八项水上运输行业 ESG 实质性议题，包括：水域生态、绿色航运、船员培训与安全、船员权益、水上应急管理、船舶管理、水上事故与安全管理、水上风险防控。各项议题涉及的指标、指标说明、指标性质等内容如表 4.6 所示。

表 4.6　水上运输行业 ESG 实质性议题及说明

实质性议题	指标	指标说明	指标性质
水域生态	海洋保护区或受保护保护区的运输时间	在受保护或具有保护状态的水域上，船舶旅行天数的总和（24 小时或其中的一部分），包括在港口停靠所花费的时间（天/年）	定量
	实施压载水交换和处理的船队的百分比	实体船队中满足标准的压载水交换的船数和满足标准的压载水处理系统的船数占总船数的百分比（%）	定量
	向环境排放或泄漏的数量和总量	排放或泄漏对环境有重大损害的有害物质、有毒液体物质以及油类等物质的数量（立方米/年）	定量
绿色航运	集装箱运量平均货运成本	使用集装箱运输货物的平均成本（元/TEU）	定量
	对不同减排措施的成本效益、减排效果进行分析	对技术性措施、营运性措施和基于市场的措施进行成本效益、减排效果的比较和分析（元/TEU）	定性/定量
	描述企业作业规划和优化措施	描述企业为实现绿色航运所进行的生产作业规划和优化措施	定性

续表

实质性议题	指标	指标说明	指标性质
绿色航运	描述企业实施绿色航运的战略和措施	描述企业在提高航运技术设备性能、加强船舶防治污染管理水平以及控制和消除有害污染物质等方面的战略措施	定性
船员培训与安全	船员适任培训人数、次数	培训职务与技术资格相匹配的船员的人数和次数（人/年、次/年）	定量
船员培训与安全	船员适任考试通过率	通过考试获得适任证书的船员人数占船员总培训人数的百分比（%）	定量
船员培训与安全	企业培训体系和内容	企业描述为提高船员专业技能和心理素质而进行的培训的结构体系和相关内容	定性
船员培训与安全	因工伤和疾病的误工率	船员因工伤和疾病而无法上班所花费的时间占总上班时间的百分比（%）	定量
船员权益	海员投诉数量	海员对损害自身健康安全、培训适任、工资奖励等相关权益的行为进行直接或间接投诉的数量（件/年）	定量
船员权益	船员流失比率	从性别、年龄、地域等方面披露船员流失人数占总人数的百分比（%）	定量
船员权益	船员安全、福利保障措施和体系	保障船员生命健康安全和薪资福利待遇的措施和体系	定性
船员权益	员工发展与晋升体系	企业巩固人才培养方案等相关规章制度，完善培训体系，优化晋升制度	定性
水上应急管理	防台防汛成功率	事先制定的预防措施和应急预案使公司在台风汛期仍能安全作业的概率（%）	定量
水上应急管理	防海盗成功率	船舶用于防止海盗劫持所采取的措施或者装置成功的概率（%）	定量
水上应急管理	对新冠肺炎疫情等突发性公共事件带来的海运风险进行评估和分析，讨论相应的措施和预案	企业制定在新冠肺炎疫情等突发性公共事件下的应急管理措施来保障本公司生产作业继续平稳有效进行	定性
船舶管理	船舶装备现状分析	对船龄、船舶结构强度、船舶设备老化程度以及设备更新和维护情况等方面进行分析	定性

续表

实质性议题	指标	指标说明	指标性质
船舶管理	船舶作业分析	对船舶作业计划、船舶调度和货物选线等情况进行分析	定性
	船舶管理 KPI 质量评估	通过制定船舶管理 KPI 关键绩效评价体系来确定企业船舶管理的水平等级（级）	定量
水上事故与安全管理	水上交通事故件数	船舶在海洋、沿海水域和内河通航水域发生的如碰撞、搁浅、进水、货物损坏、船员伤亡、海洋污染等交通事故的数量（件/年）	定量
	水上交通事故人员伤亡数	涉及船舶损失、死亡或对环境严重破坏的海上事故的海上人员伤亡数（人/年）	定量
	水上交通事故直接经济损失	航运过程中不同程度、不同等级的交通事故所造成的直接经济损失（万元/年）	定量
	管理规范相关建议书的数量	主管机关（或其代表，例如船级社）施加的必须在特定时限内执行以保持船级的要求和建议的数量（个/年）	定量
水上风险防控	风险类评价指标等级	在风险识别和估计的基础上，航运企业综合考虑风险发生的概率、损失幅度以及其他因素，得出系统发生风险的可能性及其程度，确定企业的风险等级（级）	定量
	风险类评价指标赋值	航运企业依据水上交通安全风险源的类别、性质等因素，科学有效加强风险管理，对风险相关指标进行赋值（分）	定量
	描述公司相关风险的评估分析，以及相应的措施、管理方式	对航运企业风险进行识别，并提出相应的管理措施	定性

4.4.5 废弃资源综合利用行业特定披露标准

在理论和学术研究等方面，通过梳理近五年 EI、CSCD、CSSCI、北大核心等级别的优秀期刊及相关文献，包括《中国经济报告》《自然资源学报》《中国管理科学》《中国环保产业》《资源节约与环保》《中国科技投资》《湖北社会科学》《安全与环境学报》等学术期刊，梳理文献中相关的实质性议题的理论基础，包括可持续发展理论、利益相关者理论、循环经济理论、低碳经济理论、系统工程理论、资源循环利用理论、协同理论、碳足迹理论、城市群理论、生态可持续发展理论等，并从中提取出资源清洁转化、供应链管理、技术投资与研发等行业实质性议题。

在政策制度因素等方面，与国外 ESG 标准发展进程相比，我国在制定标准或指南上主要依靠政府指导，生态环境部、证监会等监管机构已针对重点行业或者上市公司提供环境和社会信息披露指引，但尚未形成涵盖环境、社会与治理的整合标准体系。依据国务院、发改委、商务部、工信部、生态环境部、交通运输部等机构发布的相关文件，对相关政策制度文件中与废弃资源综合利用行业相关的内容进行充分梳理与分析，并基于低碳转型、能耗双控、双碳战略、低碳城市建设、绿色低碳循环发展、环境友好发展、能源消费低碳化转型等方面的政策制度，提出低碳资源化利用、新能源领域研发、低碳社区建设、数字化回收与监测等相关的实质性议题。

在市场和实践因素等方面，通过梳理和分析废弃资源综合利用行业中很多企业已经发布的 ESG 报告、可持续发展报告或者社会责任报告等相关的 ESG 报告（例如格林美发布的《2020 年环境、减碳、社会责任与公司治理报告》，北化股份发布的《2020 年度环境报告书》《2020 年度社会责任报告书》），提取出无害化处理、绿色供应链、安全事故与环境应急管理、厂区周边环境污染风险管理、安全生产与厂区环境监管、员工安全与健康保障体系等相关的实质性议题。

通过对理论、制度、市场三方面梳理对象的综合分析，同时对标 SASB、GRI 等国际标准议题，得出 10 项废弃资源综合利用行业 ESG 实质性议题，包括：低碳资源化利用、无害化处理、新能源领域研发、绿色供应链、数字化回收与监测、低碳社区建设、安全事故与环境应急管理、厂区周边环境污染风险管理、安全生产与厂区环境监管、员工安全与健康保障体系。各项议题涉及的指标、指标说明、指标性质等内容如表 4.7 所示。

表 4.7　废弃资源综合利用行业 ESG 实质性议题及说明

实质性议题	指标	指标说明	指标性质
低碳资源化利用	再生资源回收	回收生产和消费过程中产生的各种废旧金属、废旧轮胎、废旧塑料、废纸、废玻璃、废油、废旧家用电器、废旧电脑及其他废电子产品和办公设备，生产过程中工业用水重复利用的比例（%）	定量
	废弃资源清洁转化	尾矿（共伴生矿）、煤矸石、粉煤灰、冶金渣（赤泥）、化工渣（工业副产石膏）、工业废弃料（建筑垃圾）、农林废弃物及其他类大宗固体废弃物清洁利用转化率（%）	定量
	资源循环利用	生产过程中矿业废物、放射性废物、工业废物、建筑垃圾、城市垃圾、农业废物、餐厨废弃物等资源化利用率，秸秆综合利用率，生物转化率（%）	定量
	综合利用废水（液）	利用化工、纺织、造纸工业废水（液）、制盐液（苦卤）、硼酸废液、酿酒、酒精、制糖、制药、味精、柠檬酸、酵母废液、石油加工、化工生产中生产的废硫酸、废碱液、废氨水、工矿废水、城市污水及处理产生的污泥和畜禽养殖污水等废水（液）中提取、生产相关产品的综合利用转化率（%）	定量
	综合利用固体废物	利用煤矸石、铝钒石、石煤、粉煤灰（渣）、硼尾矿粉、锅炉炉渣、冶炼废渣、化工废渣、生活垃圾、建筑垃圾以及江河（渠）道淤泥、淤沙等固体废物生产相关产品的综合利用转化率（%）	定量
	综合利用废气	利用炼铁高炉煤气、炼钢转炉煤气、铁合金电炉煤气、火炬气以及炭黑尾气、化工、石油化工废气、冶炼废气、酿酒、酒精发酵废气等各类废气生产相关产品或者提供可用能源的综合利用转化率（%）	定量
无害化处理	无害化处置技术	是否使用符合国家标准的填埋处理、焚烧处理、堆肥处理技术；固体废弃物混合垃圾分类是否准确，是否达到填埋处理、焚烧处理、堆肥处理的相关要求	定性

续表

实质性议题	指标	指标说明	指标性质
无害化处理	危险废物收集	《中华人民共和国固体废物污染环境防治法》中"国家危险废物名录（2021 版）"中所列示的危险废物的回收种类和回收总量（吨）；获得危险废物处理的资质数量（个）；危险废物处理渠道及规范化程度	定量/定性
	温室气体回收	电力（热力）生产综合温室气体回收总量；工业温室气体回收总和；CO_2 回收总量（吨）	定量
新能源领域研发	设备技术研发投入	生物质直燃、气化发电技术开发与设备制造投入；农林生物质资源收集、运输、储存技术开发与设备制造投入；以畜禽养殖场废弃物、城市填埋垃圾、工业有机废水等为原料的大型沼气生产成套设备投入（万元）	定量
	生产技术研发投入	生物质纤维素乙醇、生物柴油等非粮食物质燃料生产技术研发投入及占比（%）；新一代氢燃料电池用关键材料技术研发投入及占比（%）；废旧动力电池技术、新能源汽车技术、氢燃料汽车技术、智能拆解与高效资源化技术研发投入及占比（%）；氢燃料电池用催化剂关键设备技术投入（万元）	定量
	新能源领域专利数量	申请新能源领域专利或拥有可授权专利的数目（个），拥有新能源领域核心技术发明专利数目（篇）	定量
绿色供应链	绿色供应商	使用社会标准筛选的供应商数量（个）；绿色供应链的供货认证客户所占比例（%）；重要客户中具有绿色供应商资质的供货方所占比例（%）；供应商对社会的负面影响及采取的行动	定量/定性
	绿色回收与处理	产品报废后，对产品和零部件进行回收处理，使产品或零部件得到循环使用或再生利用的资源利用率（%）	定量
数字化回收与监测	环保大数据平台	通过大数据平台的数据开放、数据共享、公众参与等模块分析是否实现资源承载力预测、环境保护应急预警、固体废弃物监管、空气质量分析与预告、污染源企业土壤分析、机动车尾气监管、水库周边水质分析等信息披露功能	定性

续表

实质性议题	指标	指标说明	指标性质
数字化回收与监测	"互联网+回收"模式	运用"互联网+回收"模式将互联网技术加传统回收模式融合发展情况；快递公司上门回收渠道；废弃物及再生资源线上线下融合交易发展	定性
	物联网监测	物联网技术监测废弃物流动路线与渠道；GPS定位追踪装置、分类回收箱、运输车辆、存储器应用情况；运输车辆的GPS定位追踪装置和摄像头安装覆盖率（%）	定量/定性
低碳社区建设	社区能源与资源使用	社区清洁能源及可再生资源使用普及率；使用低污染的化石能源（如天然气、液化石油气等）及可再生能源（如太阳能）的户数占社区总户数比例；社区居民使用再生水、雨水、海水等在内的非传统水源的利用率（%）	定量
	社区人均碳减排	每年因生活而消费的能源（电力、热力、煤炭、天然气以及液化石油气）所带来的人均 CO_2 减少量（%）	定量
	生活垃圾分类及处理	生活垃圾分类收集率（%，要求高于90%）；厨余垃圾集中收集或就地处理设施和再生资源回收站点数量（个）	定量
安全事故与环境应急管理	污染事故及处罚	生产事故对空气、水体和土壤产生的污染排放量（千克）；生产过程中非法转移倾倒固体废物的次数（次）；潜在的危险化学品的泄漏事故、重金属环境污染事故、污染治理设施失效对周边环境和生态的负面影响；生产过程中发生危险废物超期贮存、违规处置事件的比例（%）；获得危险废物转移许可证和相关资质情况；由于事故性污染受到政府部门行政处罚的金额（万元）	定量/定性
	火灾异常监测	生产过程检测到火灾异常的次数（次）	定量
	生产安全事故及处罚	生产过程中发生生产安全事故、工伤类安全事故、非工伤类安全事故的数量（件）；生产过程中发生规模较大集体中毒事件的数量（件）；由于相关生产安全事故受到政府部门行政处罚的金额（万元）	定量

续表

实质性议题	指标	指标说明	指标性质
安全事故与环境应急管理	紧急疏散及救援	发生生产安全事故后合理的疏散和集合地点公布情况，包括疏散地点位置及场地大小、容纳人数信息等；关键人员和救援机构（如消防、泄漏清理等部门）名单及详细联络信息；邻近单位相互支援的可能性评估；紧急医疗、火警等救援响应时长（小时）	定量/定性
厂区周边环境污染风险管理	重大负面影响监督	有厂区周边社区参与评估和发展规划的运营点；有对当地社区有实际或潜在重大负面影响评估的运营点（个）	定量
	周边环境污染及治理	在运输过程中，无法回收和利用的排放物所造成的污染情况；除臭剂喷洒范围；防止畜、禽粪便的臭味污染环境的物质呈雾状或者飞沫状喷射散落的距离（千米）	定量/定性
	周边废物处理及环境监测	对废物处理过程中引起某些有害物质进入空气，并危害周边环境及人群健康的监测范围（千米）及监测达标率（%）；对废物处理而引起地下水化学成分、物理性质和生物学特性发生改变的监测范围（千米）及监测达标率（%）；洗涤废水的处理排出是否达到标准	定量/定性
	周边地区人员健康普查	周边地区人员呼吸疾病筛查覆盖比率（%）；周边社区居民接受义务诊察疾病的次数（次/年）	定量
安全生产与厂区环境监管	专职安全监管人员与组织培训	企业拥有专职安全管理人员的数量（人）；企业拥有注册安全工程师数量（人）及人员占比（%）；制造、工程、基建等重点部门专职安全员占比（%）；各园区设置安全总监情况；专职监管厂区环境的人员数量（人），企业组织环保培训与学习、演练突发事件应急处理的次数（场次）	定量/定性
	安全防护设备支出	用于购买完善、维护安全防护设施设备的投入；配备和更新现场作业人员安全防护用品支出；安全生产事故应急演练支出（万元）	定量

续表

实质性议题	指标	指标说明	指标性质
安全生产与厂区环境监管	安全生产风险评估与其他支出	开展重大危险源和事故隐患评估、监控支出；安全设备及特种设备检测检验支出；用于对安全生产检查、评价、咨询和标准化建设的投入；用于对安全生产适用的新技术、新标准的推广应用的投入；用于其他与安全生产直接相关的投入（万元）	定量
	厂区工作环境管控	空气室内标准 PPB 级管控情况；生产工人操纵的设备更新情况；为减少噪声对人的影响而对使用隔音、消音减震的措施进行的投入（万元）；通风设施、排烟除尘设备覆盖率（%）；厂区周边空气、水质、噪声质量的实时监测站数量（个）、监测范围（千米）及达标比率（%）	定量/定性
	信息公开与园区开放	厂区环境指标对公众的信息公开情况；第三方机构环境指标监测水平；与当地生态环境主管部门联网、数据共享情况；厂区对监管部门、其他机构和公众开放参观的频次（次/年）以及接待参观人员数量（人次）	定量/定性
员工安全与健康保障体系	员工健康服务体系	职业病发人数、频次及筛查覆盖率：对企业、事业单位和个体经济组织等用人单位的劳动者在职业活动中，因接触粉尘、放射性物质和其他有毒、有害物质等因素而引起的疾病的人数（人）、筛查频次（次/年）及筛查覆盖率（%）；组织义诊活动频率（次/年）；重疾险、特殊保险品种的投保人数（人）	定量
	员工生产安全保障	生产安全培训人数与频次：以提高安全监管监察人员、生产经营单位从业人员和从事安全生产工作的相关人员的安全素质为目的的教育培训的人数（人）及组织频次（次/年）；高危行业安全生产责任险投保情况及投保覆盖率（%）；员工发生生产事故后可获得的补偿金额（元）及其他相关保障	定量/定性

续表

实质性议题	指标	指标说明	指标性质
员工安全与健康保障体系	员工权利与职业发展	劳动者与用人单位明确双方权利义务的协议的签订比率（%）；劳动用工备案率（%）；员工的间接报酬：一般包括健康保险、带薪假期、过节礼物和退休金等形式的活动；每名员工平均每年培养加训掌握某种技能的小时数（个）	定量/定性

4.4.6　金属制品行业特定披露标准

在国外早期有关环境责任的研究中，环境责任被认为是一种伦理性行为，不需要考虑经济视角，只从企业对法律规范的遵守和自律方面来分析。我国对于环境责任的研究起步较晚，但也取得了一定的成果。我国在建立 ESG 统一标准时，闫立东（2019）认为应当将我国的环境保护实际情况作为评价体系建立的重要考量。相较于发达国家，我国企业的环境保护意识相对淡薄，环境违法现象长期存在。例如，钢丝绳是金属制品行业公认污染严重、能耗较高的产品。从研究和采用新工艺、新技术如钢丝绳填（涂）塑技术、明火加热技术等，以及控制原辅材料质量、谨慎更换原辅材料、提高钢丝绳工艺设计准确性、完善工艺装备、控制生产过程工艺质量、重视作业人员操作技能方面入手采取各种措施，实现钢丝绳生产过程中的节能降耗、环境保护（吴根柱和秦万信，2009）。在钢丝绳的产品质量安全评级方面，张驰等（2016）指出需要五个关键指标：资源符合性评价、采购控制评价、生产过程控制评价、成品质量控制评价、社会责任与质量文化评价。该评价体系构建在工业产品质量安全评价经验的基础上，部分内容主要从环境保护、职业健康、安全生产、诚实守信等方面开展评价，考察企业是否制定并实施和履行社会责任制度，是否有环境保护部门出具符合环保要求的证明或排污许可证，是否为职工配备必要的劳动防护用品，有害岗位是否进行健康体检，设备设施危险部位是否配备安全防护装置。

基于企业社会责任理论视角，刘兴国（2020）认为以高质量发展为终极目标的中国版 ESG 评级指标体系构建，不仅要考虑与国际评级机构的可对比性，更要考虑能体现中国经济发展阶段、企业成长环境、数据获取的可能性与评级的可操作性，以及政府、社会与公众对企业发展的特定要求。比如环境方面，既要体现"绿水青山就是金山银山"，也要考虑当前中国以煤炭石油为主的能源结构特征；社会责任方面，既要考虑对国家与员工的贡献，也要将参与治贫扶贫纳入评级范畴；公司治理方面，既要考虑规范董事会建设，也要体现将党组织纳入公司治理的新要求。

随着 ESG 理念在中国的传播，不少中国金属制品业的公司将该理念融入公司发展。湖北福星科技就是典型践行 ESG 理念的企业，在环境方面：不仅对自己公司业务范围内可能产生环境污染的情况进行了合理调整，如继续推广稀土永磁电机取代传统电机，降低噪声和能耗；加大无酸拉拔工艺应用，降低污染物排放；对废水采取浓缩再生工艺，既降低了排放量，又有利于废物回收利用等。同时，在节能减排方面，专门设置了环保部和技术中心，负责节能环保、清洁生产、技术革新等方面的工作，并且，公司严格按照 ISO 14001 环境管理体系推进各项工作，保证节能减排、安全环保落到实处。在社会和治理方面，公司也将 ESG 相关发展理念融入核心竞争力之中，自 2017 年起就开始尝试实施公司股权激励计划、员工持股计划或其他员工激励措施，并且重视与股东利益相关者之间的良好关系建设。

同样在 ESG 方面表现突出的，还有海波重型工程科技股份有限公司，该公司在环境方面积极响应国家政策，在年报中积极披露该公司的环境发展指标，并且无环境违规的现象。在社会方面，该公司在追求经济效益的同时，最大化地履行社会责任，促进公司进步与社会、环境的协调发展，实现企业经济价值与社会价值之间的良性互动，创造共享价值，推动企业与社会的可持续发展。在治理方面，该公司也将 ESG 相关思想融入企业核心竞争力建设，在 2018 年该公司实施了员工股权激励计划，并且在运营过程中注重对员工合法权益的保护、积极与投资者交流互动，提高了投资者对公司的认知度。

综上，我们提出了金属制品行业的八个实质性议题共 14 个行业指标（见表 4.8）。

表 4.8　金属制品行业 ESG 实质性议题及说明

实质性议题	指标	指标说明	指标性质
金属制品废料绿色处理	金属废弃品处理程度	以金属废弃品处理过程中涉及无环境污染处理程度的占比来测算（%）	定量
	金属废弃品处理创新技术	以金属废弃品无污染处理的科研创新申请的专利数目来衡量（件）	定量
	金属废弃品处理创新投入	以金属废弃品无污染处理的科研创新投入来衡量（万元）	定量
金属制品环保	金属制品环保级别	评估金属制品对周边环境保护的级别，可以初步定性讨论分出高、中、低三个层次（等级）	定性
金属制品绿色制造	无污染制造	评估金属制品制造过程涉及对环境污染的程度，可以初步按高、中、低三个层次划分（等级）	定性
	噪声污染控制	评估监测金属制造过程中对周边社区造成噪声的影响程度，可以初步按高、中、低三个层次划分（等级）	定性
金属制品废料再加工	金属制品废料再加工技术	评估金属制品废料再加工相关的科研创新技术的专利申请数目（件）	定量
	金属制品废料再加工效益	测量金属制品废料再加工所创造的经济及社会共享价值（万元）	定量
金属特种作业安全	金属特种作业人员安全	评估金属特种作业的安全风险程度，可以初步以高、中、低来衡量（等级）	定性
	金属特种作业人员安全技术投入	测量企业用于保障金属特种作业人员的安全生产的技术投入（万元）	定量
金属制品安全	金属制成品安全设计	评估金属制成品的外形处理是否充分考虑使用对象的安全设计等实际使用情况，可以初步以高、中、低来衡量（等级）	定性

续表

实质性议题	指标	指标说明	指标性质
金属制品绿色监管	金属制品智能化监管	测量金属制品智能化监管的设备投入,智能化监管内容包括环境保护、人身安全等方面(万元)	定量
金属制品从业人员健康管理	金属制品从业人员健康评估	用于企业对于金属制品从业人员的身体及心理健康评估,可以初步以优、良、差三个等级来评估(等级)	定性
	金属制品从业人员健康投入	用于企业对于金属制品从业人员的健康管理投入,包括设备、个人福利补贴等(万元)	定量

4.4.7　零售行业特定披露标准

本标准在中国 ESG 研究院提出的"中国企业 ESG 披露通用标准"的基础上,结合零售行业的自身特点,立足环境、社会、治理三大维度,结合相关的理论基础、政策制度和市场实践因素等提出零售行业实质性议题。具体地,基于理论与学术研究、政策制度、实践与市场因素等方面的相关内容,提出零售绿色经营、绿色消费促进效应、绿色生产促进效应、绿色流通促进效应、客户隐私与数据安全、新零售、公平交易与竞争、电子商务信用共八个实质性议题。

在理论、制度和实践等方面,基于可持续发展、环境伦理学背景、零售企业绿色行为影响机理的学术研究、建立绿色商场、绿色零售的政策导向(制度)因素,本行业考虑了"零售绿色经营"这一实质性议题,这一议题的测度主要反映零售商经营过程的绿色程度,侧重设施设备管理和资源能源消耗。基于可持续发展、环境伦理学背景以及零售行业作为连接消费端与生产端的重要中间环节,在推动绿色消费、消费升级方面具有重要作用,本行业考虑了"绿色消费促进效应"这一实质性议题,这一议题的测度侧重绿色消费(营业额占比)、绿色消费者(占比)、绿色消费信息统计和减塑、绿色消费宣传与引导。基于可持续发展、环境伦理学背景,以及零售行业作为连接消费端与生产端的重要中间环节,在倒逼供应商绿色生产、倡导绿色供应链方面具有重要作用,本行业考虑了"绿色生产促进效应"这一实质性议题,这一议题的测度侧重绿色供应链管理、绿色可持续采购和产品可追溯情况,以反映零售企业倒逼供应商绿色生产的程度。基于可持续发展、环境伦理学背景,以及零售行业作为与物流、包装等环节紧密相关的流通环节,绿色包装、绿色物流、智慧物流等成为行业焦点,以及协同推进快递业绿色包装、商贸物流发展规划等政策文件出台,本行业考虑了"绿色流通促进效应"这一实质性议题,这一议题的测度侧重绿色物流和绿色包装的实施情况,以反映零售企业流通环节的绿色程度。基于利益相关者理论,以及零售行业数字化程度迅速提升,滥用客户数据开展大数据杀熟、诱导消费等非伦理营销活动频发,本行业考虑了客户隐私和数据安全这一实质性议题,这一议题的测度侧重是否对客户隐私和数据安全重视(制度建设和培训)、发生客户隐私和数据泄露的情况(次数和损失)。

在理论、制度和实践等方面,基于利益相关者理论,以及零售行业数字化程度迅速提升,滥用客户数据开展大数据杀熟、诱导消费等非伦理营销活动频发,本行业考虑了"客户隐私和数据安全"这一实质性议题,这一议题的测度侧重是否重视客户隐私和数据安全(制度建设和培训)、发生客户隐私和数据泄露的情况(次数和损失)。基于电子商务盛行、大数据杀熟和"二选一"等不当竞争行为、零售商供应商公平交易、平台反垄断等方面的监管、学术上对平台反垄断的相关研究,本行业考虑了"公平交易与竞争"这一实质性议题,这一议题的测度侧重是否滥用市场支配地位开展不当竞争、是否采用大数据和算法实行差别价格待遇。基于零售行业电子商务的盛行,网络零售失信事件频发,政策上对电子商务网络零售监管日益严峻,电子商务实体的信用,本行业考虑了"电子商务信用"这一实质性议题,这一议题的测度侧重经营合法性、经营状况、信息披露、产品质量、配套服务、综合评价和外部投诉。

具体的零售行业 ESG 实质性议题及说明如表 4.9 所示。

表 4.9 零售行业 ESG 实质性议题及说明

实质性议题	指标	指标说明	指标性质
零售绿色经营	设施设备管理	设施设备管理应符合 GB/T 38849—2020 的基本规定（包括建筑及结构维护、空调暖通设备、照明设备、电梯设备、冷链设备、水资源设备、环保设备、综合管理）	定性
	资源能源消耗	单位面积实际电耗（瓦/平方米）；单位面积实际综合能耗（千克标准煤/平方米）；单位面积新鲜水消耗量（顿/平方米）；非传统水源利用率（%）；办公耗材（吨）；节能高效数据中心能耗（kgce）	定量
绿色消费促进效应	绿色消费	绿色产品营业额占总营业额的比例（%）	定量
	绿色消费者	绿色消费者占总消费者的比例（%）	定量
	绿色消费信息统计和减塑	绿色消费信息统计；不可降解塑料袋、塑料吸管/餐具等一次性商品消费量（万元）	定量
	绿色消费宣传与引导	绿色消费宣传活动举办率；绿色消费引导标识使用率（%）	定量
绿色生产促进效应	绿色供应链管理	绿色供应商管理制度；供应商绿色评价和监控系统建设；绿色供应商倾斜性招商政策；倡导供应商绿色生产的方案与契约设计	定性/定量
	绿色可持续采购	绿色采购方案设计；采购通过环境标志产品认证、节能产品认证或者国家认可的其他认证的节能环保产品占比（%）	定性/定量
	产品可追溯	产品可追溯体系建设；可追溯产品占比（%）	定性/定量
绿色流通促进效应	绿色物流	减少产品交付对环境影响的策略；产品运输的总温室气体足迹；智能仓储管理系统普及率（%）	定性/定量
	绿色包装	减少产品包装对环境影响的策略；可降解绿色包装材料应用比例（%）；包装物回收再利用率（%）；绿色包装使用率（%）；绿色包装设计专利申请量（件）	定性/定量

续表

实质性议题	指标	指标说明	指标性质
客户隐私与数据安全	客户隐私和数据安全制度	描述识别和处理客户隐私和数据安全风险的方法、制度及体系建设	定性
	客户隐私和数据安全培训	客户隐私和数据安全培训的活动次数（次）、参与人员数（个）、活动覆盖率（%）等	定量
	客户隐私和数据安全泄露	客户隐私和数据安全泄露事件次数（次）及受影响的客户数（个）和经济损失总额（万元）	定量
新零售	新零售战略部署	新零售发展布局（新零售战略规划情况）；新零售组织架构（新零售发展职能部门，新零售灵活组织形式）；新零售对外合作（新零售产学研用合作情况）	定性
	新零售资源投入	新零售资金投入［新零售投入占比（%）］；新零售人才投入［新零售人员占比（%），新零售相关培训人次（人），新零售人员变动率（%）］	定量
	新零售创新能力	新零售渠道拓展（线上线下用户数和交易额占比）；新零售效率指标［线上：流量类指标，如独立访客数、页面访客数等（万人）；订单产生效率指标，如订单数量（万件）、访问到下单转化率（%）；总体销售业绩指标：成交金额（万元）、销售金额（万元）、客单价（元）；整体指标，如销售毛利（万元）、毛利率（%）。线下：坪效（万元/平方米），人效（万元/人），租金倍率；总体销售业绩指标和整体指标与线上一致］；客户关系优化［客户精准营销触客率（%），各渠道用户体验感］	定性/定量
	新零售研发能力	新零售基础研究［专利申请授权数量，软件著作权数量（件）］；新零售业务系统开发［系统投入占比（%）］	定量
公平交易与竞争	滥用市场支配地位	针对滥用市场支配地位、不当竞争行为、反托拉斯和反垄断实践的法律诉讼及其合规成本	定性
	差别待遇	采用大数据和算法实行差异性付款条件和交易方式的法律诉讼及其合规成本	定性

实质性议题	指标	指标说明	指标性质
电子商务信用	经营合法性	经营者实体资质，互联网信息服务备案和许可，行政许可，严重违法违规犯罪记录（条）	定量
	经营状况	开始经营时间（天），近期交易活跃度（万元）	定量
	信息披露	产品描述，产品价格标识，产品发货相关说明，送货收费标识，售后收费标识	定性
	产品质量	与描述符合程度，与预期符合程度	定性
	配套服务	在线支付合法性，货到付款，送货到达时间，退换货服务	定性
	综合评价和外部投诉	顾客信任综合评价，站外投诉数量，顾客向平台投诉数量，失信和受处罚记录（件）	定量

4.4.8　医药制造行业特定披露标准

通过对医药制造行业在 E、S、G 方面有关的理论研究、相关制度、实践特征的信息的梳理，从中提炼出以下九个 ESG 实质性议题：基于国家药品监督管理局发布的《境外已上市境内未上市药品临床技术要求》以及利益相关者理论，提出了实质性议题"临床试验参与者的安全性"；基于国务院发布的《中医药发展战略规划纲要（2016-2030 年）》以及金融界上市公司研究院发布的《重估与重构：后疫情时代中国医药生物产业的分化演进》，提出了实质性议题"药品可及性"；基于国务院发布的《"十三五"国家药品安全规划》、观研产经研究院发布的《2021 年中国医药行业分析报告——产业现状与发展前景预测》以及我国国家食品药品监督管理总局颁布的相关管理条例，提出了实质性议题"药品安全性"；基于《医药政策下医药企业的发展研究》等理论文献、我国国家药品标准规定以及假药现象频发等，提出了实质性议题"假药"；基于《医药制造业环境绩效评价体系构建研究》等理论文献、《制药工业大气污染物排放标准》以及商道纵横发布的《中国医药 ESG 报道：2020 年度 MS-CI ESG 评级差距拉大 | ESG 特辑》，提出了实质性议题"医疗废物"；基

于《医药制造企业董事会人力资本对履行社会责任的影响研究》等理论
文献以及《证券时报——润灵环球 2021 医药行业上市公司 ESG 评估报
告》，提出了实质性议题"新药研发"；基于政策主张发展自主知识产权、
可持续发展理论、当前疫情环境以及人们对健康的需求等，提出了实质性
议题"专利研发"；基于国务院办公厅发布的《中医药健康服务发展规划
（2015-2020 年）》《关于加快中医药特色发展的若干政策措施》以及我
国传统的中医药文化、可持续发展理论，提出了实质性议题"中药资源
保护利用"；基于《兽药生产质量管理规范（GMP）》以及我国市场上动
物性食品的现状，提出了实质性议题"兽药生产管理"。

　　根据我国医药制造行业的发展现状、行业特征以及国家相关政策法
规，结合与医药制造行业相关的理论研究、相关制度、市场特征，基于环
境（E）、社会（S）、治理（G）三个维度从临床试验参与者的安全性、
药品可及性、药品安全性等九个方面制定了医药制造行业的 ESG 实质性
议题及说明，如表 4.10 所示。该标准旨在为医药制造行业规范自身生产
行为和经营活动、实现行业的可持续发展、提升其 ESG 表现提供导向，
为行业投资者提供全面评估企业的依据。

表 4.10　医药制造行业 ESG 实质性议题及说明

实质性议题	指标	指标说明	指标性质
临床试验参与者的安全性	临床试验期间药品质量和各参与者安全的管理	临床试验全过程中质量监控和各参与者的安全控制的有效程度，严格遵循标准化操作规程（SOP）和药物临床试验质量管理规范（GCP）的程度	定性
	临床试验的药物警戒工作	按照我国药品生产质量管理规范（GMP）Ⅰ期、Ⅱ期、Ⅲ期、Ⅳ期临床试验中发现、评价、理解和预防不良反应或其他任何可能与药物有关问题的工作	定性
	与临床试验有关的经济损失总额（万元）	在临床试验中因操作失误，违反或不遵守与其相关的规定或法规、标准等不当行为而导致的企业经济损失总额（万元）	定量

续表

实质性议题	指标	指标说明	指标性质
药品可及性	药品的定价合理性	价格弹性不同的地区之间的企业自主定价的药品价格差异所带来的价格加成（价格与边际成本之比）的合理程度	定性
	纳入国家基本药物目录的药品品种	企业的药品品种经过单独论证后可以纳入国家基本药物目录的药品清单上药品的数量（种）	定量
	药物申请注册数	药物申请注册的数量及为推迟授权的仿制药在规定的时间内进入市场，所涉及的支付款项和/或规定的数量（万元；件）	定量
	药品的价格上涨率	对于企业自主定价的药品，药品价格在某一时期内和前一时期的差值与前一时期的比值（%）	定量
药品安全性	医疗器械的安全性	是否按照国家药品监督管理局建立了医疗器械唯一标识数据库，企业的医疗器械注册是否符合相关标准或规范	定性
	不良反应/事件的次数	企业向国家药品不良反应检测中心上报的因药品导致或者可能导致的不良反应/事件的次数（次）	定量
	药品召回的次数及数量	企业按照规定的程序收回（一级、二级、三级召回）已上市销售的存在安全隐患的药品的次数及数量（起；种）	定量
	药品质量的监督程度	是否遵守了国家食品药品监督管理局针对药品生产的质量管理制定的管理规范，企业重视质量意识和责任意识的程度，生产过程的监督程度和规范程度	定性
假药	药品追溯体系的建设，包括药品追溯系统、协同平台、药品追溯监管系统	企业自身的药品追溯体系的建立，药品的生产和流通全过程中药品的流向路径、实现药品质量可追溯的程度	定性
	向利益相关者发出假冒药品潜在或已知风险警报的次数	由于在药品流通过程中发生或可能发生运输或存储不当造成的药品污染或变质而向利益相关者所发出的警报次数（次）	定量

续表

实质性议题	指标	指标说明	指标性质
假药	企业受到突袭、查封、逮捕和/或与假冒药品有关的刑事指控的出现次数	由于企业出现假冒药品、药品生产和经营违规行为等而被利益相关者或其他人员进行刑事指控,企业受到突袭、查封、逮捕的次数(次)	定量
	关于药品内、外标签的描述情况	药品内标签(直接接触药品包装的标签)、药品外标签(内标签以外的其他包装的标签)是否有效传达了药品的产品批号、规格、成分、适应症、用法用量等相关信息	定性
医疗废物	医用废弃物品和垃圾的处理	制药企业按照医疗废物分类目录将医疗废物分类后,对某些感染性强的医疗废弃物品的妥善消毒乃至彻底清除的过程是否按照《医疗废物管理条例》进行及贯彻该条例的程度	定性
新药研发	专业人员和研发人员的人才招聘和保留	企业对于医药领域专业人员和研发人员的人事招聘制度和流程是否客观规范、公开透明、专业性强,对于人才保留的激励制度是否有明确说明	定性
	研究开发费用占销售收入总额的百分比	企业近三个会计年度合计发生的研究开发费用总额与该时期销售收入总额的比值(%)	定量
专利研发	专利研发数量	发明专利、实用新型专利以及外观设计专利研发的数量(种)	定量
	讨论采取创新的技术	企业在生产经营过程中采用的技术创新的方法、模式、效果	定性
中药资源保护利用	开发传统中药材和原料资源的数量	从天然产物、传统中药、民族药及民间草药使用的植物及矿物中所提取的具有药用价值的资源数量(种)	定量
	中药材外源性有毒有害物质残留量	在中药材种植、加工、存储过程中进入中药材的,由于外部因素而被污染从而造成的有毒有害物质残留量占比(%)	定量

续表

实质性议题	指标	指标说明	指标性质
兽药生产管理	动物性食品的药物残留	动物来源的食物（如畜禽肉、蛋类、水产品、奶及其制品）中任何可食用部分中所有与动物用药后的药物有关物质的残留占比，包括药物原形或/和其代谢产物（%）	定量
	关键的生产和检验设备	兽药生产过程中的硬件设施、相关机械设备的安全、精确程度等以及是否满足 GMP 的要求	定性

4.4.9 软件和信息技术服务行业特定披露标准

在理论与学术研究方面，项目组选取国内近年来多篇优秀期刊中的文章，主要涉及数据隐私、数据安全、知识产权保护、技术创新等议题。其中，围绕数据隐私与安全的文章，对推进数据安全和隐私保护提出了可行性建议，以此促进相关产业发展，并积极探索推进国家数据治理体系法治化，寻求符合中国自身的保护方案；对于数字化知识产权犯罪案件，提出要结合中国实际情况，依法办案，并完善保护体系，发力自主创新，引领技术进步。同时，软件和信息技术服务行业离不开互联网，当下正处于大数据时代，数据经济正蓬勃发展，部分经营者违背公平、平等、诚信的原则，以高科技手段在互联网上从事网络不正当竞争活动，有研究结合现代网络技术发展现状提出了一些改善建议和措施，对我国互联网知识产权保护工作有一定的借鉴意义。目前已经公布的与 ESG 相关的学术期刊、论文、图书等资料有数千篇，与该行业相关的资料则更多，对这些资料进行梳理不仅可以帮助我们了解该行业的研究领域的热点、研究结果及该行业发展情况等信息，还可以帮助我们了解不同行业的 ESG 标准中的共性，以便更完善地制定该行业的 ESG 标准。

在政策制度因素方面，党的十九大以来，党和国家出台了一系列政策文件，将生态文明建设放在突出地位，将经济可持续性和环境永续性结合起来，实现经济发展与自然环境的和谐统一。"十四五"规划提出，生态文明建设要实现新进步，推动绿色发展，深入实施可持续发展战略。另外，2021 年市场监管总局针对应对气候变化、推动创新、确保健康的生活方式等可持续发展目标，发布了一批重要国家标准。由此可见，我国总体政策对 ESG 的重视度越来越高，而该行业有关 ESG 的体系还不够完善，通过对我国出台的政策和市场监管总局等相关部门政策的梳理，可以帮助我们把握整个行业市场的发展趋势，分析行业在当前市场下长期生存的必要条件，从而制定与市场发展相适应的行业 ESG 标准，以使行业能在此标准下实现自身经济发展与社会可持续发展相统一。我国出台的与该行业相关的政策是行业发展的风向标，对于行业的发展策略来说具有全局性、长期性和战略性意义，因为我国政策是针对我国国情制定的，是经过了各时期各阶段的历史和实践的考验，能反映社会现实的，也是符合我国企业发展道路的，所以，企业的行为以及行业 ESG 标准的制定应围绕国家政策进行。

与国外 ESG 标准发展进程相比，我国在制定标准或指南上主要依靠政府指导，生态环境部、证监会等监管机构已针对重点行业或者上市公司提供环境和社会信息披露指引，但尚未形成涵盖环境、社会与治理的整合标准体系。基于国内 ESG 相关政策，采用文本分析法提炼出符合软件和信息技术服务业的相关特色议题。文本分析法可以对大规模长时间的公开资料进行分析，优势在于将定性的文字资料转化为反映内容本质的数据资料，保证研究的客观性和准确性。软件和信息技术服务业 ESG 的发展是以国家政策为导向的，因此可以从大量的政策文本中梳理归纳出中国软件和信息技术服务行业 ESG 实质性议题。本研究依据工信部发布的《中国电子信息行业社会责任指南》和《推动企业上云实施指南（2018-2020年）》（工信部信软〔2018〕135 号），国务院发布的《国务院关于印发新时期促进集成电路产业和软件产业高质量发展若干政策的通知》以及《中华人民共和国国民经济和社会发展第十四个五年规划和 2035 年远景目

标纲要》等有关重要政策文件，提取环境、社会、治理三方面的相关议
题，包括环境保护、绿色数据中心、技术创新及应用、员工权益、安全与
健康、供应链管理、消费者关系、责任治理、诚信运营、支撑服务能力等
实质性议题。

在市场与实践因素方面，要制定适合该行业的 ESG 标准，就需要深
入了解该行业的各个方面，了解该行业可以通过搜索阅读专业咨询机构和
国家机构公开的行业报告、行业新闻等与该行业相关的信息。行业报告是
通过国家政府机构及专业市场调查组织得到的一些最新统计数据及调研数
据，根据合作机构专业的研究模型和特定的分析方法，经过行业资深人
士的分析和研究，做出的对当前行业、市场的研究分析和预测，能够准
确反映行业的发展现状。行业新闻即报道各行各业生产、经营、发展等
方面的新闻，能体现行业新的特点、新的变化和新的趋势，也能体现行
业独有的、区别于其他行业的特征，并提供及时、权威的行业信息和资
讯。由官方机构发布的行业报告和行业新闻等信息，如行业年度报告、
行业发展报告、行业年度十大新闻等，可以反映行业相关企业的当前发
展状况、预测未来发展状况，不同行业的发展有不同的影响因素，而通
过对行业报告和行业新闻等信息的梳理可以帮助我们快速且整体地了解
该行业，对整个市场的脉络更为清晰，有利于我们制定与该行业更相匹
配的 ESG 标准。

工信部、智研咨询、中国经济网、腾讯新闻、搜狐新闻等网站对软件
和信息技术服务行业 ESG 相关内容均发布过相应的文件和报道，为我国
软件和信息技术服务行业 ESG 标准披露指标设定提供焦点导向，并依据
工业和信息化部发布的《2020 年中国软件和信息技术服务业综合发展指
数报告》、智研咨询发布的《2022-2028 年中国信息化行业发展现状及发
展趋势预测报告》，以及商道纵横发布的《〈互联网与软件服务业环境、
社会与公司治理报告〉操作手册—2020 版》和《〈电子信息行业环境、
社会与公司治理报告〉操作手册—2020 版》等相关研究报告与焦点新闻，
提取技术创新、信息安全、核心技术创新、产业创新、人才培养、知识产

权、支撑服务等相关实质性议题。

企业行为即企业为实现经营目标而进行的适应外部环境的有规律的活动，具体表现为投资行为、生产行为、分配行为和交换行为等。企业作为社会经济的基本活动单位，对其行为和所在行业的相关信息进行整理分析，有助于制定适合行业内大部分企业的 ESG 标准。在当前环境呈可持续发展的趋势下，企业只有顺应外部环境的变化才能长期发展。洪大用（2017）指出环境保护的一个重要方面就是约束企业行为，无论是通过行政管制，还是通过市场诱导、促进企业自律，现行很多环境政策的对象都是企业。企业行为不但会受自身经营活动的影响，还会受企业所在行业、所在行业的市场的影响。

软件和信息技术服务行业中已有很多企业发布了 ESG 报告、可持续发展报告或者社会责任报告，例如北京百度网讯科技有限公司发布了2020 年的 ESG 报告，而华为投资控股有限公司发布了 2020 年可持续发展报告，阿里巴巴发布了 2020~2021 年社会责任报告等。随着中国国际化步伐加快，国内制造业、信息化产业等逐步与世界接轨。加之这两年，国内掀起"互联网+"的浪潮，部分极具民族创新意识的企业在互联网、智能制造等领域崭露头角，并取得丰硕成果。本研究对京东集团、科大讯飞、恒生电子、百度、海康威视、亚信科技、华为投资控股有限公司、中兴通讯、阿里巴巴和国电南瑞这十家软件和信息技术服务行业标杆企业的 ESG 相关报告进行梳理与分析，提出软件和信息技术服务行业的实质性议题。

本标准在中国 ESG 研究院提出的"中国企业 ESG 通用标准"的基础上，结合软件和信息技术服务行业的自身特点，立足环境、社会、治理三大维度，从绿色数据中心、数据隐私、数据安全、知识产权保护、技术创新、员工健康保护、技术中断风险七个方面给出了软件和信息技术服务行业 ESG 实质性议题的具体内容和测度方法（见表 4.11），为软件和信息技术服务行业 ESG 披露提供指南。

表 4.11　软件和信息技术服务行业 ESG 实质性议题及说明

实质性议题	指标	指标说明	指标性质
绿色数据中心	数据中心 PUE（Power Usage Effectiveness，电源使用效率）	PUE＝数据中心总能耗/IT 设备能耗，其中数据中心总能耗包括 IT 设备能耗和制冷、配电等系统的能耗，其值大于 1，越接近 1 表明非 IT 设备耗能越少，即能效水平越好	定量
	清洁能源使用百分比	企业使用的清洁能源占总能源的百分比（%）	定量
	清洁技术的使用达到的节约效果	通过使用风能、冷却液等清洁技术所节约的电（度）、水（立方米）与标煤（吨）	定量
	严禁使用国家淘汰的落后工艺	严禁使用国家淘汰的落后工艺，优先选择能效高、无污染、排放低的设备和工艺	定性
	讨论将环境纳入数据中心需要的战略规划	综合考虑环境因素，包括能源和水的方法用于数据中心的战略规划，以及环境因素如何影响数据中心的选址、设计、建造、翻新和运营决策	定性
数据隐私	信息用于次要目的的用户数量	收集数据的主要目的之外，企业有意使用数据用于次要目的（包括但不限于营销广告、改善企业的产品或服务以及通过销售、出租或共享向第三方转移数据或信息）（万人）	定量
	与用户隐私相关的法律程序造成的金钱损失总额	法律程序应包括企业涉及的任何裁决程序，无论是在法院、监管机构、仲裁员还是其他方面（万元）	定量
	政府或执法部门要求提供用户信息的数量	政府或执法部门要求提供用户信息的数量，用户信息包括用户内容和非内容数据（万人）	定量
	核心产品或服务受到政府要求的监控、屏蔽、内容过滤或审查的国家列表	实体应披露因政府、司法或执法请求或要求而对其产品和服务进行监控、屏蔽或内容过滤或审查的国家列表，以及产品或服务线受到的监控、封锁、内容过滤或审查的程度	定性
	描述与行为广告和用户隐私相关的政策和实践	描述其与用户隐私有关的政策和实践的性质、范围和实施情况	定性

续表

实质性议题	指标	指标说明	指标性质
数据安全	数据泄露数量，受影响的用户数量	由于数据安全所造成的数据泄露（万件）以及因此被影响到的用户数量（万人）	定量
	数据泄露中涉及个人身份信息的百分比	数据泄露中涉及用户个人信息的数量占所有泄露数量的比例（%）	定量
	数据安全培训活动次数以及覆盖人群	企业开展数据安全培训活动的次数（次）以及参加培训活动的人员（人）	定量
	根据业务风险对信息资产进行优先级划分	企业评估数据泄露所可能造成的潜在业务风险并进行优先级划分	定性
	安全事件应急响应	企业在数据安全方面是否有设置举报投诉渠道以及用户举报投诉受理的联系方式等相关应急响应措施	定性
	数据安全管理政策描述	企业在数据安全方面所遵循的法律法规、企业制定的内部规章制度、企业识别和保障数据安全的方法（包括但不限于企业安全组织框架、网络异常多层防御体系、安全管理制度、安全技术防护平台等）	定性
知识产权保护	知识产权数量	一年内和/或累计申请国内外专利、商标、著作权、域名数量（件）	定量
	知识产权申请涵盖国家（地区）数量	专利、商标、版权、域名等知识产权申请所涵盖国家和地区数量（个）	定量
	知识产权投诉量与处理率	企业被投诉和/或投诉知识产权侵权的数量（起）以及在 24 小时内处理量占所有投诉量的比例（%）	定量
	知识产权培训活动次数以及覆盖人群	一年内面向核心研发人员及管理人员持续开展专利战略及侵权判定的培训次数（次）以及参加培训活动的人员（人）	定量
	知识产权管理政策描述	企业在知识产权保护方面所遵循的法律法规、制定本企业的管理机制和标准、设置的投诉机制及用户反馈渠道、所有人对知识产权保护的认知程度	定性

续表

实质性议题	指标	指标说明	指标性质
技术创新	累计投入的研发费用	企业在技术创新方面一年内和/或全部累计投入的研发费用（百万元）	定量
	承担国家/省部重点科研项目量	企业在技术创新方面与国家和/或省部共同承担重点科研项目数（项）	定量
	从事研究与开发的人员所占公司员工比例	企业从事研究与开发的人员占公司全体员工的百分比（%）	定量
	技术创新活动	企业为了鼓励技术创新所举办的活动（如技术竞赛等）（次）	定量
	与科研机构的合作	企业与各大高校及科研院所在科学研究和资源共享等方面的合作情况	定性
	社会贡献	企业通过技术创新为社会所做出的贡献	定性
员工健康保护	职业危害因素检测	在职业活动中产生和/或存在的、可能对职业人群健康安全和作业能力造成不良影响的因素或条件，包括化学、物理、生物等因素	定性
	人身伤亡事故数	员工在"生产、作业中违反有关安全管理的规定"或"安全生产设施或者安全生产条件不符合国家规定"发生重大伤亡事故的数量（起）	定量
	员工健康体检覆盖率	企业定期组织的职业健康体检人数占全体员工的百分比（%）	定量
	员工保障投入	企业在员工保险（包括但不限于社会保险、商业保险、公司医疗救助）、健康促进（包括但不限于体检、健康中心及咨询、全球医疗应急响应、健康生活指导等）等方面的投入金额（万元）	定量
	员工加班	是否存在员工加班情况，员工加班的时长（小时）	定量
	员工心理健康	员工是否存在心理健康问题，心理健康是否定期检测	定性

续表

实质性议题	指标	指标说明	指标性质
员工健康保护	员工职业健康安全培训	企业是否制订合理的职业健康安全教育和培训计划，一年内面向全体员工的职业健康安全培训次数，所有员工对职业健康安全的认知程度（次）	定量
	员工职业健康安全管理体系覆盖的工作者	企业的职业健康安全管理体系所涵盖的员工数量（人次）	定量
技术中断风险	因性能问题和/或服务中断的次数和时间	性能问题定义为在向客户提供云服务时，导致中断超过10分钟但小于或等于30分钟的任何计划或计划外停机（次）；服务中断定义为在向客户提供云服务过程中，导致中断超过30分钟的任何计划或计划外停机（分钟）	定量
	风险防控管理政策描述	是否有完备的风险防控管理体系、组织架构	定性
	内部风险分析与识别	在完备的风险防控管理体系的基础之上，企业是否定期开展内部风险分析与识别工作	定性
	技术风险评估与处置	对影响经营的技术中断相关的潜在风险是否能做到事前评估、事中监控和事后调整	定性
	突发公共卫生事件应急预案	企业对新冠肺炎疫情等突发性公共事件带来的运营风险进行评估和分析，并制定应急管理措施来保障企业生产作业继续平稳有效进行	定性

4.4.10 教育行业特定披露标准

目前，与教育行业相关的国家标准主要包括：GB/T 31725—2015《早期教育服务规范》、GB/T 28913—2012《成人教育培训服务术语》、GB/T 28914—2012《成人教育培训工作者服务能力评价》、GB/T 38716—2020《中小学生安全教育服务规范》、GB/T 39050—2020《远程教育服务规范》、GB/T 29359—2012《非正规教育与培训的学习服务质量要求　总则》、GB/T 26997—2011《非正规教育与培训的学习服务术语》、GB/T 29358—2012《非正规教育与培训的学习服务质量要求职业培训》等。

与教育行业相关的行业标准主要包括：JY/T 0363—2002《视频展示台》、JY/T 0383—2007《多媒体设备集中控制系统》、JY/T 1007—2012《教育管理信息教育统计信息》等。

与教育行业相关的国际标准主要包括：SASB 议题"空气质量""数据安全与隐私""营销与招聘实践""广告诚信""废物管理""员工健康与安全""教育质量"；GRI 305 排放、GRI 306 污水和废弃物、GRI 307 环境合规、GRI 401 雇佣、GRI 404 培训与教育、GRI 410 安全实践、GRI 416 客户健康与安全、GRI 417 营销与标识、GRI 418 客户隐私，以及 ISO 9000、ISO 10051 等。

在系统性地对文献理论、企业实践及相关政策进行梳理和分析后，得出了教育行业企业的实质性议题和相关披露指标。

通过梳理《"互联网+教育"背景下教师教育模式的构建》《可持续发展理论与实践之教育先行》等一系列理论文献，以及国务院发布的《国家中长期教育改革和发展规划纲要（2010-2020 年）》和全国人大常委会发布的《教育法律一揽子修正案（草案）》等相关政策，得出教学理念与模式议题（教学模式、核心教育理念指标）。

通过梳理国务院发布的《国家中长期教育改革和发展规划纲要（2010-2020 年）》《关于学前教育深化改革规范发展的若干意见》《中国教育现代化 2035》等相关政策，得出教育质量议题（学生流失率、毕业率、就业率、海外留学人数百分比、专业教师比例、互联网入校率、质量监测周期、考试通过率、多媒体教室普及率、获奖情况、毕业去向、单位满意度指标）。

德勤、艾瑞咨询、亿欧等咨询公司出具的有关教育行业 ESG 发展的研究报告为我们提供了中国教育行业发展市场的真实可靠数据，并得出教育规模议题（招生计划、入学率、在校生数量和注册用户量）。通过梳理成实外教育集团发布的《环境、社会及管治报告 2020》和网易发布的《环境、社会及管治报告》等企业信息披露报告，得出隐私保护议题（数据泄露次数、数据泄露程度、受影响的学生数指标）。

通过对文献、政策、新闻、政府机构报告、行业研究报告的梳理，总结出的教育行业重要性议题包括：隐私保护、教学理念与模式、教育质量、学生安全保障、营销与招聘、教育规模、课业负担、员工培训、绿色校园与办公环境。具体标准如表 4.12 所示。

表 4.12　教育行业 ESG 实质性议题及说明

实质性议题	指标	指标说明	指标性质
隐私保护	数据泄露次数	泄露学生个人身份信息的次数（次）	定量
	数据泄露程度	所泄露的数据涉及学生个人身份信息的情况	定性
	受影响的学生数	泄露数据事件影响学生人数（人）	定量
教学理念与模式	教学模式	教育的方式和手段	定性
	核心教育理念	对待教育活动的看法认知	定性
教育质量	学生流失率	教学过程中流失学生人数占学生总数的比例（%）	定量
	毕业率	完成培训过程，拥有结业（毕业）证书的学生占所有学生的比例（%）	定量
	就业率	完成培训过程后学生有工作并取得报酬或收益的学生占所有学生的比例（%）	定量
	海外留学人数百分比	完成培训过程后去母国以外的国家接受各类教育的学生占所有学生的比例（%）	定量
	专业教师比例	教师队伍中拥有专业知识和专业技能的老师人数占总教师人数的比例（%）	定量
	互联网入校率	教育企业的互联网接入率（%）	定量
	质量监测周期	采用一定检验测试手段和检查方法测定提供的教育服务产品的质量特性，并把结果同规定的质量标准作比较的时间周期（天）	定量

续表

实质性议题	指标	指标说明	指标性质
教育质量	考试通过率	考试成绩合格的学生人数占学生总人数的百分比（%）	定量
	多媒体教室普及率	装有多媒体设备的教室数占教室总数的比例（%）	定量
	获奖情况	学生在接受教育后所获得奖项的数目、级别、门类等	定性
	毕业去向	学生在接受教育后进入的机构和领域	定性
	单位满意度	就业机构对人才质量的满意程度	定性
学生安全保障	受影响人数	事故影响的学生人数（人）	定量
	学生肥胖百分比	肥胖和超重学生占学生总数的百分比。体重指数在 25.0～29.9 为超重，大于等于 30 为肥胖（%）	定量
	体育锻炼时长	平均每日花在体育锻炼的时间（小时）	定量
	严格防疫	严格遵守防疫要求的程度	定性
营销与招聘	教育教学成本	在教师教学和服务学生的过程中所花费的金额（元）	定量
	营销和招聘费用	为了促进销售和招聘员工所花费的金额（元）	定量
	员工权益	员工的薪资收入、劳动时间等是否符合劳动法的要求	定性
	广告真实性	是否滥用明星效用；代言人的选择标准	定性
教育规模	招生计划	计划招收的学生人数（人）	定量
	入学率	某年龄段人口中在校学生数与该年龄段人口之比（%）	定量
	在校生数量	正在就读的学生数量（个）	定量
	注册用户量	某 App 或网站截止到某一时刻所拥有的已注册的用户总量（个）	定量
课业负担	平均完成作业时间	在读学生完成作业时间的平均值（小时）	定量
	作业总量	教师单次布置的习题、试卷、练习册的页数的平均值（页）	定量
	考试次数	一个教学年度内安排的考试次数（次）	定量

续表

实质性议题	指标	指标说明	指标性质
员工培训	接受培训人数	教职人员中接受培训的人数（人）	定量
	培训时间	员工在一个教学年度内接受培训的时间（小时）	定量
	培训模式	开展培训的方式	定性
绿色校园与办公环境	垃圾无害化处理率	经过无害化处理的垃圾量占总处理垃圾量的比率（%）	定量
	绿色建筑面积	设计、施工、用料环保无污染的建筑面积（平方米）	定量
	低碳办公	在日常的办公活动中尽量减少二氧化碳的排放	定性
	室内空气指数	用甲醛检测盒和试纸测量的室内空气数值（毫克）	定量

第 5 章　中国企业 ESG 评价

5.1　中国 ESG 研究院 ESG 评价体系

ESG 概念的提出是基于鼓励企业对于伦理投资和责任投资的重视。中国 ESG 研究院构建的 ESG 评价体系包含环境（E）、社会（S）和治理（G）三个维度，力图兼顾经济、环境、社会和治理效益，促进企业和组织形成追求长期价值增长的理念。其中，环境（E）评价要素主要包含：资源消耗、防治行为、废物排放。社会（S）评价要素主要包含：劳工权益、产品责任、社区响应。治理（G）评价要素主要包含：治理结构、治理机制、治理效能。

中国 ESG 研究院提出的评价体系顺应了国家碳达峰、碳中和的政策背景，鼓励企业承担全方位的社会责任，为企业规范化运营和监管提出了新的参考标准。在该 ESG 评价体系下表现优秀的企业在治理环境污染、履行企业社会责任、健全公司治理机制方面可以作为行业标杆，为其他企业的可持续发展提供引领作用。

此 ESG 评价体系的提出希望以评促改，推进企业持续改进 ESG 实践，强化其社会责任意识，逐步将企业经济价值观和社会价值观相统一，提高综合竞争力。同时该 ESG 评价体系对于投资机构有重要的参考价值，可以帮助其从环境、社会和治理三个维度了解企业，从而更好地进行 ESG 投资。另外，该 ESG 评价体系为学术研究机构围绕 ESG 展开理论分析与实证检验提供理论依据和数据支撑，为企业践行 ESG 理念提供理论与实践指导，也可以为政府出台相关政策提供支持。

5.2　评价体系构成及权重

中国 ESG 研究院推出的 ESG 评价体系参考了国内外知名的同类评价体系，包括 KLD、MSCI、Sustainalytics、汤森路透、富时罗素、标普道琼斯（Robeco SAM）、商道融绿、社会价值投资联盟、嘉实基金、中央财经大学绿色金融国际研究院、华证、润灵等机构出台的 ESG 评价体系。同时在理论基础、评价导向、指标选取等层面加强与中国情境以及时代背景的契合度，结合中国企业的 ESG 实践、融合中国 ESG 研究院出台的 ESG 披露标准，构建了更加适用于中国企业的 ESG 评价体系。

基于实质共赢、兼收并蓄、扎根国情和因地制宜的原则，依托中国 ESG 研究院发布的中国 ESG 信息披露标准框架，同时考虑评价指标的重要性和指标数据的可得性，中国 ESG 研究院 ESG 评价体系共包括一级指标 3 个，二级指标 10 个，三级指标 57 个，如图 5.1 所示。其中，一级指标环境（E）下的 3 个二级指标包括资源消耗、废物排放、防治行为，一级指标社会（S）下的 4 个二级指标包括员工权益、产品责任、社区响应、时代使命，一级指标治理（G）下的 3 个二级指标包括治理结构、治理机制、治理效能，三级指标的具体内容及其与一级指标、二级指标的关系如表 5.1 所示。

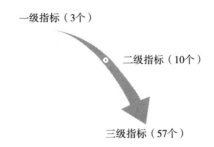

一级指标（3个）

二级指标（10个）

三级指标（57个）

图 5.1　中国 ESG 研究院 ESG 评价体系三级指标构成

表 5.1　评价指标体系一览

一级指标	二级指标	三级指标
环境指标（E）	资源消耗	总用水量、单位营收耗水量、天然气消耗、燃油消耗、煤炭使用量
	废物排放	总温室气体排放、氮氧化物排放、二氧化硫排放、悬浮粒子/颗粒物、废水/污水排放量
	防治行为	有害废弃物量、无害废弃物量、总能源消耗、人均能源消耗、耗电量、节水/省水数量、节省能源数量
社会指标（S）	员工权益	女性员工比例、是否披露职工权益保护、雇员总人数、平均年薪、离退人数比例、人均培训投入
	产品责任	是否披露客户及消费者权益保护、是否披露供应商权益保护
	社区响应	合规经营、是否披露社会责任制度建设及改善措施、诉讼次数、是否披露公共关系和社会公益事业
	时代使命	非管理层员工薪酬、实交所得税、社会捐赠额
治理指标（G）	治理结构	第一大股东持股比例、机构投资者持股比例、股权制衡、两权分离度、高管持股比例、女性董事占比、董事会规模、董事会独立董事比例、董事长和 CEO 是否是同一人、监事人数
	治理机制	是否有股权激励计划、是否有现金分红、ROE、营业收入同比增长、管理费用率、大股东占款率、股息率、质押股票比例、商誉/净资产、关联交易
	治理效能	社会责任报告是否参照 GRI、财报审计出具标准无保留意见、内控审计报告出具标准无保留意见、非经常性损益占比

　　中国 ESG 研究院对上市公司的打分采用的数据均来自社会公开的信息，包含万得（Wind）数据库、国泰安（CSMAR）数据库、锐思（RES-

SET）数据库、企业社会责任报告、企业可持续发展报告、企业年度财务报告、企业年度审计报告、企业公司章程、企业官网信息、监管机构披露、权威资料记载、权威媒体报道、正规社会组织调研等。数据收集过程由中国 ESG 研究院的助理研究员手工收集完成，并且均经过反复交叉核对，保证了数据的准确性。

　　各指标权重设置方面，本评价体系参考中国 ESG 研究院已有研究内容，并结合社会经济发展现状，采用专家打分和计量统计的方式，首先确定各二级指标在 E、S、G 3 个一级指标下的权重分配。在 3 个一级指标权重设置中，本评价指标体系与中国 ESG 研究院研究一脉相承，在全行业评价中给予"治理（G）指标"以较高的权重，同时充分考虑不同行业评价侧重点的不同，均衡环境（E）和社会（S）指标的权重设定，确保评价结果的客观性。

5.3　全行业 ESG 评价结果

　　本次纳入中国 ESG 研究院评价范围的上市公司共计 4138 家，涵盖 2020 年所有中国 A 股上市公司。为便于统计，参考证监会行业分类标准，对上市公司分行业进行评价，评价行业主要包括制造业 2653 家、采矿业 76 家、电力热力燃气及水的生产和供应业 117 家、房地产业 118 家、建筑业 98 家、交通运输仓储和邮政业 103 家、教育业 10 家、金融业 121 家、科学研究和技术服务业 59 家、批发和零售业 168 家、农林牧渔业 43 家、水利环境和公共设施管理业 74 家、卫生和社会工作业 13 家、文化体育和娱乐业 59 家、信息运输软件和信息技术服务业 344 家、住宿和餐饮业 8 家、租赁和商务服务业 60 家（评价分析结果不包括居民服务、修理和其他服务业 1 家，综合 13 家）。本节介绍本指标体系针对全行业进行整体评价下，全体上市公司及各个分行业公司的评分结果。

表 5.2 展示了根据证监会分类和筛选得到的 2020 年全行业 4138 家企业 ESG 总得分及环境（E）、社会（S）、治理（G）各分项得分的描述性统计结果。由表 5.2 列示的结果可知，本项研究按照评分标准分别得到每家企业的环境（E）、社会（S）和治理（G）各分项得分，再根据各分项的权重汇总得到了各企业的 ESG 总得分。可以看到，4138 家企业的 ESG 总得分均值仅为 30.37，属于较低水平，这在一定程度上反映了中国大部分行业仍未真正意识到 ESG 对企业长远发展的重要性，也仍需进一步做好企业自身信息披露工作，尤其是企业环境保护和治理方面的信息。此外，ESG 总得分的标准差为 7.15，最小值与最大值相差很大，表明在 ESG 方面的重视程度和管理力度具有行业不均衡的特点，同时行业内不同企业发展不平衡，侧面反映出我国还需加强 ESG 相关法律法规的制定与完善，加强对不同行业在 ESG 方面的鼓励和引导。另外，环境（E）得分、社会（S）得分和治理（G）得分的均值分别为 2.45、42.26 和 42.38，均属于较低的水平。尤其是环境（E）得分的均值最小，仅为 2.45；而且环境（E）得分的中位数为 0，说明半数以上的企业尚未披露环境相关信息，或仅定性披露环境保护成果，没有数据支撑，相关部门和企业自身在环境保护和治理方面的努力亟须加强。社会（S）得分波动性最大，最小值与最大值相差超过 80 分，说明在社会形象和影响方面各企业间存在很大的差异。全行业的企业治理（G）的均值为 42.38，最大值也仅为 65.40，这说明上市公司内部管理制度以及治理结构在未来仍需得到重视和改善，同时也需要进一步提高相关信息向社会披露的程度，做到公开透明。由 2020 年全行业 ESG 得分和分析来看，中国企业在提升 ESG 管理和信息公开透明度上仍任重而道远，这也需要社会全体的有效监督和相关法律法规的有力约束。

表 5.2　2020 年全行业 ESG 得分的描述性统计

变量	样本量	均值	标准差	最小值	中位数	最大值
环境（E）得分	4138	2.45	8.33	0	0	69.76

续表

变量	样本量	均值	标准差	最小值	中位数	最大值
社会（S）得分	4138	42.26	13.05	4.68	41.56	88.28
治理（G）得分	4138	42.38	8.04	9.77	42.71	65.40
总得分	4138	30.37	7.15	10.72	29.48	63.95

5.4　细分行业 ESG 评价结果

5.4.1　农、林、牧、渔业

表 5.3 展示了 2020 年农、林、牧、渔业 ESG 总得分及环境（E）、社会（S）、治理（G）各分项得分的描述性统计结果。本项研究共涵盖了 2020 年的 43 家农、林、牧、渔业企业，在按照评分标准分别得到各家企业环境（E）、社会（S）及治理（G）各分项得分的基础上，根据各分项的权重汇总得到了各企业的 ESG 总得分。如表 5.3 所示，43 家农、林、牧、渔业企业的 ESG 总得分均值为 29.07，最大值也仅为 52.38，这表明整个行业 ESG 得分较低；ESG 总得分的标准差为 6.11，最小值与最大值相差近 34 分，两个极值数据差异较大，由此得出农、林、牧、渔业各企业对 ESG 的重视程度差异较大，也间接反映出我国农、林、牧、渔业部分企业未能真正关注企业环境、社会、治理绩效。因此，在"双碳"目标背景下，相关企业应该加强对生态保护、低碳转型等相关领域的投入，并由此获得国内资本市场的投资机会。

另外，环境（E）得分、社会（S）得分和治理（G）得分的均值分别为 0.90、39.86 和 42.10，均小于 50 分。其中环境（E）得分的均值最小，不足 1 分，比排名第二的社会（S）得分少了近 40 分，引起这种情况的原因可能是农、林、牧、渔行业内企业对环境信息相关数据的披露程度较低，所以，农、林、牧、渔业相关企业应该加大对环境保护方面的投入，依托 ESG 评价体系，促使自身加强对生态环境的保护。

表 5.3 2020 年农、林、牧、渔业 ESG 得分的描述性统计

变量	样本量	均值	标准差	最小值	中位数	最大值
环境（E）得分	43	0.90	3.85	0	0	23.57
社会（S）得分	43	39.86	12.36	17.88	38.05	80.56
治理（G）得分	43	42.10	8.18	21.25	42.03	63.20
ESG 总得分	43	29.07	6.11	18.47	27.99	52.38

5.4.2 采矿业

表 5.4 展示了 2020 年采矿业 ESG 总得分及环境（E）、社会（S）、治理（G）各分项得分的描述性统计结果。本项研究共涵盖了 2020 年的 76 家采矿业企业，可以看到，76 家采矿业企业的 ESG 总得分均值为 35.10，总得分的标准差为 10.06，最小值与最大值有 38.70 的差值，可以看出行业内各企业对 ESG 的重视程度存在着较大的差异，企业对 ESG 的认识尚未达成共识。

表 5.4 2020 年采矿业 ESG 得分的描述性统计

变量	样本量	均值	标准差	最小值	中位数	最大值
环境（E）得分	76	8.06	15.29	0	0	63.57
社会（S）得分	76	46.65	14.90	15.04	46.28	79.61
治理（G）得分	76	46.72	7.86	25.32	46.56	63.50
ESG 总得分	76	35.10	10.06	21.58	31.97	60.28

另外，环境（E）得分、社会（S）得分和治理（G）得分的均值分别为 8.06、46.65 和 46.72，都小于 50 分。其中环境（E）得分的均值最

小，究其原因，是企业对于环境污染和治理方面的披露较少，导致大部分得分都为 0。

此外，企业最大值达到 60.28，说明行业内部分企业较为注重践行 ESG 理念。但是总得分的标准差高达 10.06，最小值也仅有 21.58，可以看出行业内许多企业在贯彻 ESG 理念方面还有较大改进空间，需要企业自身努力和相关部门加强管理，共同改善目前采矿业 ESG 得分普遍较低的情况。

5.4.3　制造业

表 5.5 展示了 2020 年制造业 ESG 总得分及环境（E）、社会（S）、治理（G）各分项得分的描述性统计结果。本项研究共涵盖了 2020 年的 2653 家制造业内的企业，在按照评分标准分别得到每家企业环境（E）、社会（S）及治理（G）各分项得分的基础上，根据各分项的权重汇总得到了各企业的 ESG 总得分。观察表 5.5 可知，2653 家制造业企业的 ESG 总得分均值为 29.97，整个行业 ESG 得分偏低，ESG 总得分的标准差为 6.54，最小值与最大值相差约 55 分，两个极值数据差异过大，能够由此得出在制造业内有些企业对 ESG 较为重视，但是仍然存在个别企业对 ESG 的重视程度较低，也间接反映出我国制造业内仍有些企业未能真正关注企业环境、社会、治理绩效。

表 5.5　2020 年制造业 ESG 得分的描述性统计

变量	样本量	均值	标准差	最小值	中位数	最大值
环境（E）得分	2653	2.33	7.73	0	0	69.76
社会（S）得分	2653	41.36	12.36	4.68	41.09	88.28
治理（G）得分	2653	42.16	7.66	15.41	42.60	65.10
ESG 总得分	2653	29.97	6.54	11.40	29.32	63.95

另外，环境（E）得分、社会（S）得分和治理（G）得分的均值分别为 2.33、41.36 和 42.16，均小于 50 分。其中环境（E）得分的均值最

小，比在三组数据中排名第二位的社会（S）的得分少了约 40 分，同时，环境（E）得分中位数为 0，目前还有很多制造业企业未能重视环境方面指标的披露；也有部分企业只对环保措施做了定性的描述，没有披露具体的排放数据。

5.4.4 电力、热力、燃气及水的生产和供应业

表 5.6 展示了 2020 年电力、热力、燃气及水的生产和供应业 ESG 总得分及环境（E）、社会（S）、治理（G）各分项得分的描述性统计结果。可以看到，117 家电力、热力、燃气及水的生产和供应业企业的 ESG 总得分均值为 33.90，ESG 总得分的标准差为 7.11，最小值与最大值有 37.18 的差值，可以看出行业内各企业对 ESG 的重视程度存在一定的差距，数据反映出我国电力、热力、燃气及水的生产和供应业对践行 ESG 理念没有达成共识。

表 5.6 2020 年电力、热力、燃气及水的生产和供应业
ESG 得分的描述性统计

变量	样本量	均值	标准差	最小值	中位数	最大值
环境（E）得分	117	2.76	7.73	0	0	59.05
社会（S）得分	117	46.28	13.37	15.40	45.42	82.90
治理（G）得分	117	47.98	8.13	24.35	47.96	65.40
ESG 总得分	117	33.90	7.11	19.25	32.64	56.43

另外，环境（E）得分、社会（S）得分和治理（G）得分的均值分别为 2.76、46.28 和 47.98，都小于 50 分。其中环境（E）得分的均值最小，仅为 2.76 分。根据分析，企业对于相关资源消耗、环境污染与治理方面的内容披露较少且不完整，所以出现了很多企业的得分都为 0 这样的情况。

此外，我国电力、热力、燃气及水的生产和供应业总得分最高的企业为 56.43 分，而得分最低的企业仅有 19.25 分。这反映出目前在该行业内

的各企业在披露 ESG 相关信息与贯彻 ESG 相关理念的力度等方面仍存在很大的改善空间,尤其是对于环境情况的披露需要重视起来。同时,电力、热力、燃气及水的生产和供应业整体得分较低的情况也凸显了企业需要践行 ESG 理念的迫切性,这也为国家和行业加快制定相关的 ESG 政策提供了事实依据。

5.4.5　建筑业

表 5.7 展示了 2020 年建筑业 ESG 总得分及环境（E）、社会（S）、治理（G）各分项得分的描述性统计结果。该项研究共包括了 2020 年的 98 家建筑业企业,由表 5.7 可知,98 家建筑业企业的 ESG 总得分均值为 31.55,水平较低,ESG 总得分的标准差为 7.60,最小值与最大值相差 40 分,这表明行业内各企业对 ESG 的重视程度存在较大差异,侧面反映出我国建筑行业上市公司仍未对践行 ESG 理念达成共识,相关机构的引导还有待加强。

表 5.7　2020 年建筑业 ESG 得分的描述性统计

变量	样本量	均值	标准差	最小值	中位数	最大值
环境（E）得分	98	2.15	8.40	0	0	50.24
社会（S）得分	98	45.81	12.89	19.62	44.15	79.95
治理（G）得分	98	42.90	8.02	15.97	42.86	62.77
ESG 总得分	98	31.55	7.60	14.72	29.86	58.18

环境（E）得分均值为 2.15,社会（S）得分均值为 45.81,治理（G）得分均值为 42.90,三者均未超过 50 分。环境（E）得分的均值最小,仅有 2.15 分,绝大多数的企业在环境方面的得分都是 0,其原因是建筑业企业自身未披露相关环境信息,从而导致数据收集过程中很多企业的得分都为 0,最终环境（E）得分均值极低。另外,环境（E）得分最高的企业也仅为 50.24 分,这表明目前该行业内各企业在披露 ESG 相关信息与贯彻 ESG 相关理念上有很大的改善空间。建筑业企业的大多数业

务都与环境有着紧密的联系，所以在评判建筑业企业是否优秀时，环境（E）的得分是十分重要的。此外行业内企业的总分普遍偏低的现象也凸显了 ESG 理念推广、相关部门政策引导的急迫性和必要性。

5.4.6 批发和零售业

表 5.8 展示了 2020 年批发和零售业 ESG 总得分及环境（E）、社会（S）、治理（G）各分项得分的描述性统计结果。该项研究共包括了 2020 年的 168 家批发和零售业企业，可以看到，这 168 家批发和零售业企业的 ESG 总得分均值为 31.42，整体处于较低水平，其最高分为 59.92 分。ESG 总得分的标准差为 5.75，最小值与最大值相差约 40 分，说明行业内各企业对 ESG 的重视程度不同，侧面反映出我国批发和零售行业未对践行 ESG 理念达成共识，需要相关部门进一步规范引导。

表 5.8　2020 年批发和零售业 ESG 得分的描述性统计

变量	样本量	均值	标准差	最小值	中位数	最大值
环境（E）得分	168	0.97	5.00	0	0	46.43
社会（S）得分	168	44.46	12.78	12.29	43.78	79.72
治理（G）得分	168	44.48	6.37	25.93	44.59	61.84
ESG 总得分	168	31.42	5.75	20.37	30.73	59.92

另外，环境（E）得分均值仅为 0.97，社会（S）得分均值为 44.46，治理（G）得分均值为 44.48，三个指标均处于较低水平。其中环境（E）得分的均值最小，仅仅只有个位数，其原因是批发和零售业企业相关数据的披露程度较低，或仅定性披露，环境保护成果无数据支撑，从而导致数据收集过程中很多企业的得分都为 0，最终环境（E）得分均值极低。总的来讲，该行业各企业在披露 ESG 相关信息与贯彻 ESG 相关理念等方面有较大提升空间。

5.4.7　交通运输、仓储和邮政业

表 5.9 展示了 2020 年交通运输、仓储和邮政业 ESG 总得分及环境（E）、社会（S）、治理（G）各分项得分的描述性统计结果。由表 5.9 列示的结果可知，本项研究的 103 家相关企业的环境（E）得分均值为 5.85，部分企业在环境保护方面取得一定成果，但多数企业得分不高，这说明企业在注重自身经济效益的同时，也需要秉持可持续发展的理念。社会（S）得分均值为 44.51，且行业内各企业水平差距较大，部分企业表现良好，但也有部分企业未能取得很好的成绩。在治理（G）得分中，企业得分均值为 44.88，行业内部差距较小，但均未超过 60 分。由此观之，行业内部对于治理（G）的认识较为统一，但与评价体系的要求相比有所不足。把握好治理（G）是确保企业良性发展的重要手段，企业应该积极寻求先进经验并尝试运用于实践之中。

表 5.9　2020 年交通运输、仓储和邮政业 ESG 得分的描述性统计

变量	样本量	均值	标准差	最小值	中位数	最大值
环境（E）得分	103	5.85	14.39	0	0	61.43
社会（S）得分	103	44.51	13.08	14.86	44.98	73.93
治理（G）得分	103	44.88	7.33	20.97	44.85	58.01
ESG 总得分	103	33.06	8.39	19.23	30.83	57.05

行业 ESG 总得分均值为 33.06，最大值接近 60。可见 ESG 理念在交通运输、仓储和邮政业中尚未充分普及，企业自身为了更好地发展，应积极践行先进理念来完善自身。

5.4.8　住宿和餐饮业

表 5.10 展示了 2020 年住宿和餐饮业 ESG 总得分及环境（E）、社会（S）、治理（G）各分项得分的描述性统计结果。由表 5.10 列示的结果可知，本项研究的 8 家住宿和餐饮业环境（E）得分均值仅为 1.04 分，分

数较低：在资源消耗以及废物排放两个方面，本项研究的 8 家企业均未达到相应要求取得一定成绩；在防治行为方面，仅一家企业践行环境污染防治行为，取得正向得分。在社会（S）得分中，8 家企业差异较大，虽然绝大多数企业对于公共关系和社会公益事业进行了披露，但在员工权益等多个指标方面，各企业存在一定的差距。企业作为社会的主要构成者以及重要参与者，在不影响自身正常经营的基础上，对于应承担的社会责任应有充分的认识以及实际的行动付出。在治理（G）得分中，各企业成绩较为一致，但均低于 60 分。由此可见，各企业公司治理水平虽大致相同，但仍有着一定的上升空间。为了更好地面对未来的市场竞争，各企业在这方面理应给予更多关注。

行业 ESG 总得分均值为 27.77，处于较低水平。为了促进企业践行 ESG 理念，相关部门可通过出台更多规范性文件或采取奖励性的政策措施来促使企业重视对信息的披露。

表 5.10　2020 年住宿和餐饮业 ESG 得分的描述性统计

变量	样本量	均值	标准差	最小值	中位数	最大值
环境（E）得分	8	1.04	2.76	0	0	8.33
社会（S）得分	8	34.00	10.35	21.40	31.92	51.55
治理（G）得分	8	43.15	4.02	36.07	43.38	48.57
ESG 总得分	8	27.77	4.76	20.85	27.42	34.50

5.4.9　信息运输软件和信息技术服务业

表 5.11 展示了 2020 年信息运输软件和信息技术服务业 ESG 总得分及环境（E）、社会（S）、治理（G）各分项得分的描述性统计结果。由表 5.11 列示的结果可知，344 家信息运输软件和信息技术服务业企业的 ESG 总得分均值为 27.66，整个行业 ESG 得分偏低；ESG 总得分的标准差为 6.00，最小值与最大值相差超过 40 分，两个极值数据差异过大，因此，信息运输软件和信息技术服务业内部分企业对 ESG 重视程度较低，

也间接反映出我国信息运输软件和信息技术服务业企业未能真正关注企业的可持续发展。

表 5.11　2020 年信息运输软件和信息技术服务业 ESG 得分的描述性统计

变量	样本量	均值	标准差	最小值	中位数	最大值
环境（E）得分	344	0.53	3.54	0	0	41.90
社会（S）得分	344	38.93	12.02	10.51	38.89	73.94
治理（G）得分	344	39.56	7.94	13.18	39.90	61.67
ESG 总得分	344	27.66	6.00	10.72	27.29	56.03

另外，环境（E）得分、社会（S）得分和治理（G）得分的均值分别为 0.53、38.93 和 39.56，也均小于 50 分。其中环境（E）得分的均值仅有 0.53，这是因为行业内的绝大多数企业没有重视环境方面信息的披露，最终造成相当部分企业环境指标得分为 0。相关企业应该加强对环境方面信息的披露。

5.4.10　金融业

表 5.12 展示了 2020 年金融业 ESG 总得分及环境（E）、社会（S）、治理（G）各分项得分的描述性统计结果。可以直观地看出，121 家金融业企业的 ESG 总得分均值为 40.90，中位数为 38.77，总得分均值较低，说明行业内并未对践行 ESG 理念达成共识，企业对评价指标数据未进行有效披露。最大值为 62.09，说明部分企业能够在一定程度上践行 ESG 理念，对可持续发展很重视。

表 5.12　2020 年金融业 ESG 得分的描述性统计

变量	样本量	均值	标准差	最小值	中位数	最大值
环境（E）得分	121	9.23	16.41	0	0	60.95
社会（S）得分	121	61.66	12.24	23.26	63.04	85.37
治理（G）得分	121	49.09	6.58	32.05	49.09	62.21

续表

变量	样本量	均值	标准差	最小值	中位数	最大值
ESG 总得分	121	40.09	9.09	21.30	38.77	62.09

此外，环境（E）得分、社会（S）得分和治理（G）得分的均值分别为 9.23、61.66 和 49.09，最大值为社会（S）得分，说明社会（S）部分的数据披露较为充分，其涉及方面主要为员工权益、产品责任、社区响应、时代使命，环境（E）及治理（G）的相关披露内容不统一、指标数据披露不全面。金融业企业环境（E）得分的均值最小，但标准差较大，说明在环境相关指标数据披露方面存在较大的分歧，应受到企业的格外关注。此外，社会（S）得分和治理（G）得分的最大值与最小值相差较大，进一步说明行业内没有对 ESG 的披露标准进行统一，相关部门和行业还需进一步加大力度推广 ESG 理念并尽快形成统一的披露标准。

5.4.11 房地产业

表 5.13 展示了 2020 年房地产业 ESG 总得分及环境（E）、社会（S）、治理（G）各分项得分的描述性统计结果。可以看到，118 家房地产企业的 ESG 总得分均值为 33.06，水平较低，ESG 总得分的标准差为 7.23，最小值与最大值相差近 40 分，这表明行业内各企业对 ESG 的重视程度存在很大差异，侧面反映出我国房地产行业仍未形成有行业共识性的 ESG 披露和评价标准，相关部门的引导还有待加强。

表 5.13 2020 年房地产业 ESG 得分的描述性统计

变量	样本量	均值	标准差	最小值	中位数	最大值
环境（E）得分	118	2.28	8.71	0	0	51.67
社会（S）得分	118	46.39	13.83	22.01	45.52	78.65
治理（G）得分	118	46.15	6.83	32.21	45.70	63.39
ESG 总得分	118	33.06	7.23	19.70	31.68	59.65

另外，环境（E）得分均值为 2. 28，社会（S）得分均值为 46. 39，治理（G）得分均值为 46. 15，均未达到及格水平。其中环境（E）得分的均值最小，这是因为房地产企业的环境信息披露程度较低，且部分企业仅对自身环保努力做了定性描述，从而导致数据收集过程中很多企业的得分都为 0，环境（E）得分均值极低。另外，环境（E）得分最高的企业也仅为 51. 67 分，这表明目前房地产行业内各企业在披露 ESG 相关信息与贯彻 ESG 相关理念等方面仍存在很大的改善空间，应加大力度推广 ESG 理念，引导企业践行可持续发展。

5. 4. 12　租赁和商务服务业

表 5. 14 展示了 2020 年租赁和商务服务业的 60 家企业 ESG 总得分及环境（E）、社会（S）、治理（G）各分项得分的描述性统计结果。由表 5. 14 可知，本次调研的 60 家租赁和商务服务业企业的 ESG 总得分均值为 29. 56，标准差为 5. 76，最大值仅为 55. 17，结果并不理想，说明我国租赁和商务服务业企业仍不能充分认识到践行 ESG 理念对企业可持续发展的重要性。

表 5. 14　2020 年租赁和商务服务业 ESG 得分的描述性统计

变量	样本量	均值	标准差	最小值	中位数	最大值
环境（E）得分	60	1. 06	7. 32	0	0	56. 90
社会（S）得分	60	41. 94	11. 66	18. 84	40. 43	70. 89
治理（G）得分	60	41. 64	7. 56	20. 72	40. 95	60. 35
ESG 总得分	60	29. 56	5. 76	21. 00	28. 65	55. 17

同时，环境（E）、社会（S）和治理（G）三个分项的均值分别为 1. 06、41. 94 和 41. 64，得分均较低，其中环境（E）得分的中位数为 0，需要引起充分关注。在社会及治理两个评价指标中，最大值分别为 70. 89 及 60. 35，说明行业内部分企业已经对 ESG 指标披露达成初步共识，但未得到深入贯彻落实，需要在今后历次披露中，重视相关数据披露，逐步提

高得分。

5.4.13 科学研究和技术服务业

表5.15展示了2020年科学研究和技术服务业ESG总得分及环境（E）、社会（S）、治理（G）各分项得分的描述性统计结果。由表列示的结果可得，59家科学研究和技术服务业企业的ESG总得分均值为29.17，水平较低，甚至最高分也未达到及格线，仅有53.94分。ESG总得分的标准差为6.67，最小值与最大值相差约32分，说明行业内各企业对ESG的重视程度差异较大，侧面反映出我国科学研究和技术服务业未能就ESG信息披露达成共识，因此相关部门的引导还有待加强。

表 5.15　2020 年科学研究和技术服务业 ESG 得分的描述性统计

变量	样本量	均值	标准差	最小值	中位数	最大值
环境（E）得分	59	2.45	9.16	0	0	42.86
社会（S）得分	59	38.73	12.50	14.17	38.23	72.47
治理（G）得分	59	42.03	5.99	29.81	42.58	56.43
ESG 总得分	59	29.17	6.67	18.53	28.34	53.94

另外，环境（E）得分均值仅为2.45，社会（S）得分均值为38.73，治理（G）得分均值为42.03，三者均未达到及格线，且均属于很低水平。尤其是环境（E）得分的均值最小，这是因为，科学研究和技术服务业企业相关信息的披露程度较低，从而导致数据收集过程中很多企业的得分都为0，最终环境（E）得分均值极低。整体来讲，该行业各企业在披露ESG相关信息与贯彻ESG相关理念等方面存在较大的改善空间，从而也更加凸显了ESG理念推广、ESG信息披露、ESG评价体系构建与应用的必要性。

5.4.14 水利、环境和公共设施管理业

表5.16展示了2020年水利、环境和公共设施管理业ESG总得分及

环境（E）、社会（S）、治理（G）各分项得分的描述性统计结果。由表 5.16 可知，这 74 家企业的 ESG 总得分均值为 26.43，处于较低的水平。ESG 总得分的标准差为 5.63，总得分最小值 13.71 与最大值 40.21 相差近 26 分，行业 ESG 得分呈现总体水平较低，且不同企业差异较大的特点。

表 5.16　2020 年水利、环境和公共设施管理业 ESG 得分的描述性统计

变量	样本量	均值	标准差	最小值	中位数	最大值
环境（E）得分	74	1.67	6.02	0	0	31.43
社会（S）得分	74	39.24	9.73	21.63	39.06	69.29
治理（G）得分	74	35.38	7.41	14.07	35.70	51.24
ESG 总得分	74	26.43	5.63	13.71	25.65	40.21

其中，环境（E）得分、社会（S）得分和治理（G）得分的均值分别为 1.67、39.24 和 35.38。环境（E）得分的均值为 1.67，这是因为绝大多数企业没有对环境信息进行有效披露，相当部分指标得分为 0。在社会得分层面，最小值仅为 21.63，是一个极低的分数，说明行业内个别企业在承担社会责任方面存在较大改进空间，需要提高企业的社会责任意识。这也更加突出了推广 ESG 理念的重要性，要想企业可持续发展，就应追求环境（E）、社会（S）和治理（G）水平的共同提高。

5.4.15　卫生和社会工作业

表 5.17 展示了 2020 年卫生和社会工作业 ESG 总得分及环境（E）、社会（S）、治理（G）各分项得分的描述性统计结果。由表 5.17 可知，本项研究的 13 家相关企业在环境（E）得分中，均值为 5.40，处于较低水平，绝大多数企业在资源消耗、防治行为和废物排放三方面没有做出应有的努力，分数较低。在社会（S）得分中，企业均值为 45.24，相对较高，但是差异较大，部分企业得分高于 60 分，部分企业得分很低；行业内各企业对于社会责任的承担并不一致，具有较大提升空间的企业应积极

履行自身社会责任。在治理（G）得分中，企业均值为 35.02，离及格水平有一定距离，行业内部差异较小；对于治理，各企业都认识到了其重要性，但治理水平仍有较大提升空间。

表 5.17　2020 年卫生和社会工作业 ESG 得分的描述性统计

变量	样本量	均值	标准差	最小值	中位数	最大值
环境（E）得分	13	5.40	11.50	0	0	36.90
社会（S）得分	13	45.24	14.09	20.17	43.22	74.37
治理（G）得分	13	35.02	10.21	17.09	33.00	50.16
ESG 总得分	13	29.20	8.75	16.33	26.17	45.87

行业 ESG 总得分均值为 29.20，内部得分差异略大，但均低于及格水平。企业应注意相关信息的有效披露，并依托 ESG 评价体系，发现自身可持续发展方面的不足，关注存在较大改进空间的指标，切实践行 ESG 理念，实现可持续发展。

5.4.16　文化、体育和娱乐业

表 5.18 展示了 2020 年文化、体育和娱乐业 ESG 总得分及环境（E）、社会（S）、治理（G）各分项得分的描述性统计结果。由表中列示的结果可知，59 家文化、体育和娱乐业企业的 ESG 总得分均值仅为 26.34，从数据分析中可以判断，该行业对于 ESG 的关注程度还需大力加强，同时也反映了相关部门缺少对文化、体育和娱乐业践行 ESG 理念的引导和监管。ESG 总得分的标准差为 4.65，最大值与最小值有 22.94 的差值，可以看出行业内各企业对 ESG 的重视程度存在差异，在一定程度上也反映出我国文化、体育和娱乐业对 ESG 的认识尚未达成共识。

表 5.18　2020 年文化、体育和娱乐业 ESG 得分的描述性统计

变量	样本量	均值	标准差	最小值	中位数	最大值
环境（E）得分	59	0	0	0	0	0

续表

变量	样本量	均值	标准差	最小值	中位数	最大值
社会（S）得分	59	37.30	11.27	12.15	38.51	63.38
治理（G）得分	59	37.88	7.25	13.28	39.34	56.96
ESG 总得分	59	26.34	4.65	14.52	26.40	37.46

另外，环境（E）得分、社会（S）得分和治理（G）得分的均值分别为 0、37.30 和 37.88，都不足 40 分。环境（E）得分的均值为 0，造成这一现象的原因为，文化、体育和娱乐业缺少对于环境信息的披露，本行业对环境的污染较小，但仍需注意相关信息的披露。

此外，我国文化、体育和娱乐业总得分最高的企业为 37.46 分，最低的企业仅有 14.52 分，总体得分水平较低。分开来看，社会方面最高分为 63.38 分，最低分仅有 12.15 分；治理方面最高的得分为 56.96 分，而最低的得分为 13.28 分。社会、治理这两类指标得分差异较大，部分企业已经逐渐重视并切实采取行动践行 ESG 理念，但仍有企业没有付出努力，缺少对 ESG 理念及可持续发展的正确认识。

文化、体育和娱乐业的 ESG 得分普遍较低，关于 ESG 理念的贯彻和 ESG 信息的披露，企业还需继续努力。同时更需要相关部门和行业协会加快制定相关政策、推行行业披露标准，正确引导行业、帮助企业树立和践行 ESG 理念。

5.4.17　教育业

表 5.19 展示了 2020 年教育业 ESG 总得分及环境（E）、社会（S）、治理（G）各分项得分的描述性统计结果。由表中列示的结果可知，10 家教育业企业的 ESG 总得分均值为 25.87，处于较低水平，ESG 总得分的标准差为 3.85，最小值 21.20 与最大值 31.35 相差约 10.15 分，差距较小，表明这 10 家教育业企业对 ESG 的投入存在企业规模不同所带来的差异，但差异不大。

表 5.19　2020 年教育业 ESG 得分的描述性统计

变量	样本量	均值	标准差	最小值	中位数	最大值
环境（E）得分	10	0	0	0	0	0
社会（S）得分	10	39.09	11.02	19.84	41.16	55.46
治理（G）得分	10	35.36	5.98	23.63	35.79	45.43
ESG 总得分	10	25.87	3.85	21.20	26.00	31.35

另外，环境（E）得分、社会（S）得分和治理（G）得分的均值分别为 0、39.09 和 35.36，也均小于 50 分。其中社会（S）和治理（G）的得分较低，反映出教育业还需进一步提高承担社会责任的能力和治理水平。环境（E）得分的均值是 0，意味着这 10 家教育业企业在 2020 年均未披露与所设立的环境评价指标相关的信息，侧面反映出教育业企业对环境污染的重视程度普遍较低。其原因是企业没有重视环境信息的披露，或仅定性披露了自身对环境保护所做的努力，没有定量数据支撑，相关部门和行业协会需进一步引导企业，促使其正确披露相关指标，践行 ESG 理念。

第6章 ESG 与碳达峰、碳中和

6.1 碳达峰与碳中和的背景

人类文明自18世纪工业革命以来取得了亘古未有的巨大发展。凭借科学与技术的突破，人类理解和驾驭自然世界的能力取得了跨越式进步。同时，科技突破辅以组织制度的创新，带来人类经济活动的空前繁荣，创造出巨大的物质财富。然而，人类文明的大发展也带来了严重的环境和社会问题。化石燃料的过度使用、汽车尾气的大量排放等使以二氧化碳为主的温室气体排放量迅速增加，温室气体浓度的持续上升引发温室效应，进而导致海平面上升、极端天气事件增多、农作物生长受影响等气候变化问题。

温室气体指的是大气中能够吸收和释放红外线辐射，使地球表面变暖的气体，根据《京都议定书》规定其包括二氧化碳（CO_2）、甲烷（CH_4）、氧化亚氮（N_2O）、氢氟碳化合物（HFC_S）、全氟碳化合物（PFC_S）和六氟化硫（SF_6）六种。CO_2 是人类活动产生的最主要的温室气体，化石燃料（煤、石油、天然气）、固体废物、树木或其他生物材料的燃烧以及一些化学反应（如制造水泥）等都会产生大量的二氧化碳。

CH_4 主要来源于天然气和石油在生产、加工、运输和储存过程中的泄漏，以及牲畜粪便、家庭和工业的废物分解或废水处理等。N_2O 在森林草原火灾或施用合成氮肥等农业活动、生产制造合成肥料或合成纤维等工业活动以及化石燃料和固体废物的燃烧、废水处理过程中都会产生。排放 HFC_S、PFC_S、SF_6 等氟化气体的人类活动则主要包括其被用作制冷剂、阻燃剂、绝缘气体或用于半导体的制造等工业活动。

不同的温室气体由于吸收热量的能力（辐射效率）和在大气中停留的时间（寿命）不同，会对地球变暖产生不同的影响。目前，全球增温潜势（Global Warming Potential，GWP）是最能有效衡量温室气体排放强弱的指标。它将 CO_2 作为参照气体来衡量大气中某种温室气体吸收热量的相对效应，即在一定的时间内，一单位质量的某种温室气体所吸收的热量和一单位质量的 CO_2 所吸收的热量的比值。GWP 值越大，表示在同一时期内（通常时间周期为 100 年），该气体使地球变暖的程度比二氧化碳更强。此外，为了统一度量各温室气体引发的整体温室效应和减排各温室气体可能带来的相对利益，且二氧化碳是人类活动产生的主要温室气体，通常以二氧化碳当量（Carbon Dioxide Equivalent，CO_2e）作为度量温室效应的基本单位。它可以通过将某种温室气体的质量乘以该气体的 GWP 值计算得来，从而把不同温室气体的效应标准化。据统计，CO_2 的 GWP 值为 1，CH_4 在 100 年内的 GWP 值为 28 ~ 36，N_2O 的 GWP 值为 265 ~ 298，而 HFC_S、PFC_S、SF_6 等气体的 GWP 值可达数千或数万[①]，其捕获的热量远高于 CO_2，是最具有影响力且最持久的温室气体。

气候变化问题一直是人类关注的焦点，早在 20 世纪 70 年代，经济学家威廉·诺德豪斯（William Nordhaus）基于过去平均气温的历史记录，提出温度上升可能导致极端天气事件，平均气温上升 2℃ 将会使全球陷入前所未有的危机。1988 年，美国宇航局科学家詹姆斯·汉森（James Han-

---

① Overview of Greenhouse Gases［EB/OL］. https：//www.epa.gov/ghgemissions/overview - greenhouse-gases.

sen）向国会展示了全球正在逐渐变暖的证据，进一步强调了人类温室气体排放和全球变暖趋势之间的联系，持续增加的温室气体排放将会导致海平面上升、极端天气以及全球生态系统和人类居住区被破坏等灾难性后果。随后，越来越多的科学家开始研究气候变化问题，将 1℃ 或 2℃ 作为参考点来模拟在不同程度的变暖环境下地球可能发生的情况。各国政府也开始讨论延缓气候变化的方法，但领导者们对于将气温上升控制在 1.5℃还是 2℃ 持有不同意见。直到 2015 年，《巴黎协定》正式通过，该协定明确提出了将全球气温升高幅度控制在 2℃ 以内的长期目标，并努力将其限制在 1.5℃ 以内的更理想目标。它将世界各国视为一个命运共同体，鼓励各缔约方根据实际国情和能力为减排行动作出"自主贡献"。

对此，政府间气候变化专门委员会（Intergovernmental Panel on Climate Change，IPCC）发布的特别报告专门比较了升温 1.5℃ 和 2℃ 所带来的风险差异。结果表明，升温 2℃ 所带来的风险远高于升温 1.5℃ 所带来的风险，包括对天气、海平面、生物多样性和生态系统、粮食系统和卫生系统等方面的影响。例如，预估到 2100 年，全球升温 1.5℃ 比升温 2℃ 时全球平均海平面升幅约低 0.1 米；如果全球升温 1.5℃，预估每百年会出现一次北极夏季无海冰，但如果全球升温 2℃，这种可能性会上升到至少每十年出现一次；与升温 2℃ 相比，将全球升温限制在 1.5℃，可降低疟疾和登革热等与高温相关疾病的发病率和死亡率，可缩小水稻、小麦以及可能的其他谷类作物的减产幅度，可使暴露于由气候变化引起的缺水加剧的世界人口比例减少 50%；到 2050 年，暴露于气候相关风险的脆弱群体（如以务农和靠海为生）及易陷于贫困的人口减少数亿人。[①] 因此，目前IPCC 在其报告中将 1.5℃ 作为升温限制，而不是 2℃。

为应对全球气候变化对人类社会构成的重大威胁，越来越多的国家开始进行系统性反思并采取更加有力的政策和措施。总的来说，应对气候变化的对策包括缓解和适应两大互补性战略，两者相辅相成，缺一不可。根

---

① Global Warming of 1.5℃ ［Z］. Intergovernmental Panel on Climate Change，2018.

据 IPCC 提出的定义，减缓指的是通过人为干预手段实现温室气体的减排与增汇，阻止气候问题进一步恶化；适应指的是针对已经发生或预期将要发生的气候变化，通过调节自然系统和社会系统，增强其弹性以应对气候变化可能带来的不利影响，并充分利用气候变化可能带来的机遇（见图 6.1）。目前，减缓气候变化战略主要体现在以下几个方面：减少煤、石油、天然气等化石燃料的燃烧，优先发展非化石能源并提高能源利用效率；大力发展新能源、新能源汽车等绿色低碳产业；通过原料替代、改善生产工艺、改进设备使用等控制温室气体排放；提升森林、草原、湿地等生态系统碳汇能力，或直接从大气中捕获二氧化碳并封存；实行碳税和碳交易等减排政策。此外，推进碳达峰、碳中和战略也属于减缓气候变化的重要举措之一。适应气候变化也可以通过多种方式，总的来说，针对升温、海平面上升、温室气体浓度增加等相对确定的气候变化及其影响，采

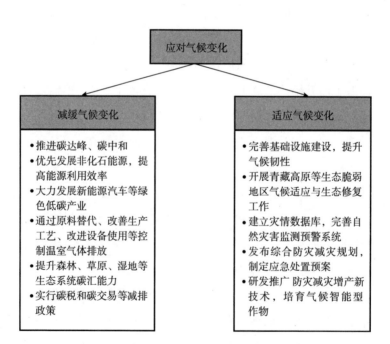

图 6.1 应对气候变化方法的分类及其具体措施

资料来源：依据《中国应对气候变化的政策与行动 2021》白皮书编制。

取战略性的适应行动，如完善基础设施建设以提升气候韧性、开展生态脆弱地区修复与适应工作等；对于降水时空分布与极端天气事件等相对不确定的气候变化及其影响，采取战术性的应变措施，如研发防灾增产新技术、培育气候智能型作物、加强灾害监测预警、制定应急处置预案等。

　　作为一个负责任的发展中国家，中国对气候变化问题给予了高度重视，采取一系列相关的政策措施为应对气候变化做出了积极的贡献。"十一五"时期，全国淘汰了炼铁、炼钢、焦炭、水泥和造纸落后产能总量的 50%。从 20 世纪 80 年代开始，政府更加注重能源结构的改善和经济增长方式的转变，加强水能、核能等低碳能源的开发和利用，支持太阳能、风能等可再生能源，提高能源利用效率。数据显示，煤炭消费占能源消费总量的比重由 1978 年的 70.7% 下降到 2020 年的 56.8%，石油消费所占比重由 1978 年的 22.7% 下降为 2020 年的 18.9%，核电、水电及其他能源所占比重由 1978 年的 3.4% 上升为 2020 年的 15.9%[①]。2020 年 9 月，习近平总书记在第 75 届联合国大会上向世界宣布了中国的碳达峰目标与碳中和愿景，"中国将提高国家自主贡献力度，采取更加有力的政策和措施，二氧化碳排放力争于 2030 年前达到峰值，努力争取 2060 年前实现碳中和"。"双碳"战略的主动提出，既表明了中国积极参与气候治理的决心，是融入全球治理、承担大国责任的重要表现；也有助于中国在全球经济社会能源变革的大趋势下加快发展方式转型，加快构建绿色低碳的经济体系，从而真正实现可持续发展。

　　碳排放峰值是指国家或地区等主体二氧化碳的最大年排放值，碳达峰则意味着该主体的碳排放量在某个时间点达到这个峰值。因此，碳达峰的核心体现在碳排放量的增速持续减缓直至为负，即碳排放量达到历史最高值后逐步回落的过程（见图 6.2）。

　　碳中和是指在一定时间内，国家或地区等主体通过植树造林、节能减

---

　　① 国家统计局 . 中国统计年鉴 2021 ［EB/OL］. http://www.stats.gov.cn/tjsj/ndsj/2021/indexch.htm.

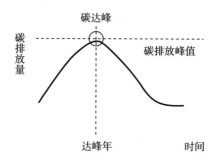

图 6.2　碳达峰示意图

排技术等方式抵消二氧化碳排放量，使人类活动产生的二氧化碳排放量与吸收量达到平衡状态，从而实现"净零排放"（见图 6.3），其核心在于二氧化碳排放量的大幅度降低。目前，节能减排技术主要包括碳捕集、利用与封存技术、生物能源技术、光伏、风能等。

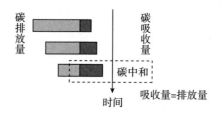

图 6.3　碳中和示意图

从概念上来看，碳达峰是实现碳中和的前提条件，达峰早晚与峰值高低将直接影响碳中和实现所需要的时间长短和难易程度。

6.1.1　全球"碳达峰"现状

根据世界资源研究所（World Resources Institute，WRI）统计，1990年、2000年和2010年全球范围内碳排放达峰国家数量分别为19个、33个和49个，且大部分属于发达国家。截至2020年，全球已有53个国家实现碳达峰目标，占全球碳排放总量的40%，其中包括美国、俄罗斯、日本、德国、韩国、印度尼西亚、加拿大、巴西等碳排放量排名前十五的国家。此外，中国、马绍尔群岛、墨西哥与新加坡四个国家已提出

"2030 目标"，届时全球将有 57 个国家实现碳排放达峰，占全球碳排放量的 60%（见表 6.1）。

表 6.1 截至 2010 年全球碳达峰国家统计

碳达峰时间	数量	具体国家
1990 年前	19	阿塞拜疆、白俄罗斯、保加利亚、克罗地亚、捷克、爱沙尼亚、格鲁吉亚、德国、匈牙利、哈萨克斯坦、拉脱维亚、摩尔多瓦、挪威、罗马尼亚、俄罗斯、塞尔维亚、斯洛伐克、塔吉克斯坦、乌克兰
1990～2000 年	14	法国（1991）、立陶宛（1991）、卢森堡（1991）、黑山共和国（1991）、英国（1991）、波兰（1992）、瑞典（1993）、芬兰（1994）、比利时（1996）、丹麦（1996）、荷兰（1996）、哥斯达黎加（1999）、摩纳哥（2000）、瑞士（2000）
2000～2010 年	16	爱尔兰（2001）、密克罗尼西亚（2001）、奥地利（2003）、巴西（2004）、葡萄牙（2005）、澳大利亚（2006）、加拿大（2007）、希腊（2007）、意大利（2007）、圣马力诺（2007）、西班牙（2007）、美国（2007）、塞浦路斯（2008）、冰岛（2008）、列支敦士登（2008）、斯洛文尼亚（2008）

资料来源：世界资源研究所（WRI）。

以美国碳排放量为例（见图 6.4）。1975～2007 年，美国能源消耗所产生的二氧化碳排放量持续上升，从 44.28 亿吨发展到 60.16 亿吨。2007年以后，美国碳排放稳步下降，因此 2007 年为美国能源消耗的碳排放达峰年。2020 年，在新冠肺炎疫情的影响下，美国碳排放量大幅减少至45.75 亿吨，同比下降 11%。尽管未来可能有所波动，但总体上仍将保持下降趋势。

6.1.2 全球"碳中和"现状

2008 年，英国《气候变化法案》正式通过并生效，该法案承诺，至2050 年，英国的温室气体排放量将在 1990 年的基础上减少 80%，这标志着英国成为首个以立法形式提出碳中和计划的国家。随后，德国、法国、日本、意大利等发达国家也陆续加入了碳中和行动。据统计，截至 2021 年

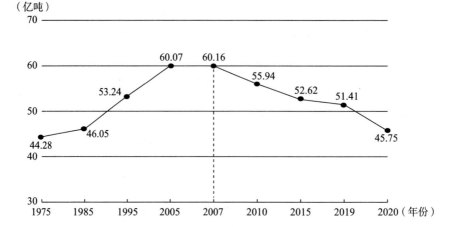

图 6.4　1975～2020 年美国能源消耗产生的二氧化碳排放量走势

资料来源：美国能源信息署（EIA）. Monthly Energy Review（2021）［Z］.

11 月，全球共有 125 个国家提出了"碳中和或净零排放"目标，以共同面对日益严峻的气候变化问题。其中，苏里南、柬埔寨、不丹等 4 个国家对外宣称已实现该目标，瑞士、日本、法国等 10 个国家通过立法形式明确该目标，中国、巴西、乌克兰等 13 个国家则将该目标写入政策文件（见表 6.2）。

表 6.2　截至 2021 年已提出碳中和的部分国家统计

目标类型	部分国家［碳中和/净零排放时间（年）］
已实现	苏里南、马达加斯加、不丹、柬埔寨
法律规定	瑞士（2045）、匈牙利（2050）、爱尔兰（2050）、丹麦（2050）、日本（2050）、法国（2050）、新西兰（2050）、加拿大（2050）、韩国（2050）、英国（2050）
政策宣示	马尔代夫（2030）、冰岛（2040）、乌拉圭（2050）、立陶宛（2050）、希腊（2050）、摩纳哥（2050）、卢森堡（2050）、葡萄牙（2050）、智利（2050）、中国（2060）、巴西（2060）、乌克兰（2060）、斯里兰卡（2060）
声明/承诺	安道尔（2050）、尼日利亚（2060）、越南（2050）、泰国（2050）、以色列（2050）、澳大利亚（2050）、哈萨克斯坦（2050）、马来西亚（2050）、阿联酋（2050）、南非（2050）、俄罗斯（2060）、沙特阿拉伯（2060）、印度（2070）

资料来源：根据 Energy & Climate Intelligence Unit 编制，https：//eciu. net/netzerotracker。

6.1.3　中国碳排放现状

碳达峰和碳中和是中国政府为了实现经济可持续发展而制定的重大战略之一，尽管从"十一五"时期以来各部门就不断推进节能减排工作，但仍面临巨大的挑战。中国作为全球二氧化碳排放量排名第一的国家，力争于 2030 年前实现碳达峰，于 2060 年前实现碳中和，这意味着中国将用最短的时间完成最高强度的碳排放降幅，任务非常艰巨。2010~2020 年，我国碳排放量整体上呈增长态势，从 85.07 亿吨增加到 102.43 亿吨，2020 年尽管受到新冠肺炎疫情影响，但由于中国防控措施相对到位，经济恢复较快，碳排放量仍然有所增加，其增长率为 0.5%（见图 6.5）。

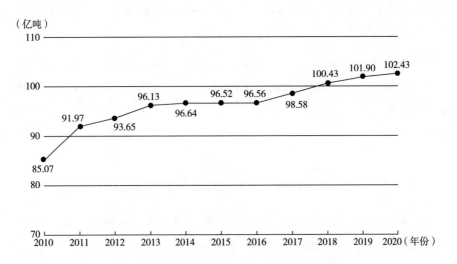

图 6.5　2010~2020 年中国二氧化碳排放量走势

资料来源：英国石油公司 . Statistical Review of World Energy（2021）［Z］.

6.2 ESG 与 "双碳" 的关联

ESG 在诸多方面与 "双碳" 有紧密关联。ESG 涵盖的主要内容如表 6.3 所示。以下将从 E、S、G 三个方面分别阐述 ESG 与 "双碳" 的关联。

表 6.3 世界主要 ESG 评价体系涵盖内容

主题	主要指标
环境	生态保护创新、资源使用、减排、可持续包装、生物多样性和土地使用、用电管理、产品创新、供应链管理、水管理、资源节约利用、有毒物质排放、清洁技术、环境机遇、环境管理系统等
社会	产品责任、社会参与、慈善、健康与安全、劳工、社区、人力资本开发、多样性、雇佣政策、人员培训、客户责任、供应链问题、金融产品安全、数据保密性等
治理	信息披露、管理、治理结构、董事会、股东、商业道德、反竞争、反收购、薪酬、企业社会责任战略、ESG 报告的透明度、金融体系的不稳定性、会计、腐败、风险应对与处理等

6.2.1 "E" ——实现 "双碳" 的直接表现

"E" 维度直接涵盖了多个与 "双碳" 直接关联的指标。如 "减排" 指标涉及公司在生产和运营过程中会产生的温室气体和其他有毒气体，直接对应企业的范畴 1 排放。"供应链管理" 指标涉及公司供应链对环境的影响，直接对应企业的范畴 3 排放。例如，联想公司从公司供应链的角度积极践行 "双碳" 理念，激励、影响与带动上下游供应商科学减碳。有关报告显示，目前联想公司 91% 的供应商均公开设定了相关的减排目标；83% 的供应商对减排数据进行了三方验证；72% 的供应商设定了可再生能源目标；82% 的供应商在报告中公开披露自己的可再生能源的生产和购买情况。可口可乐公司认识到气候变化对其业务的严重负面影响后，在全球范围内采取了一系列具体的措施积极应对气候变化，在公司的供应链运输中用可再生能源如生物乙醇驱动的卡车代替传统的柴油车，提高可口可乐制造过程的能源效率，并重新设计产品的包装以减少生产过程的碳排放。

"生态保护创新"指标涉及公司利用环境技术、工艺和生态产品创造新的市场机会来帮助客户减少环境成本和负担。

"资源使用"指标涉及公司通过合理配置资源、合理处置废弃物、大力发展新能源以及增加水循环利用等多种方式管理供应链和材料、能源、水的使用，以推动资源再生，促进资源循环再利用。

6.2.2　"S"——实现"双碳"的重要抓手

ESG 理念的盛行在一定程度上加快了相应法规的出台，特定行业公司开始被强制要求披露社会方面信息。现阶段来说，对于 ESG 的社会方面，中国评级市场主要关注企业的工作环境、供应链标准、慈善活动、社区关系、员工福利等因素，这些因素与"协调""共享"的新发展理念相契合。企业履行社会责任是助推企业长久发展以及"双碳"目标实现的关键一环。

在"双碳"目标推动下，低碳、环境保护成为国家未来的战略发展方向，"绿色发展"也逐渐成为全球各大公司企业社会责任的风向标，成为各企业追求基业长青的关键因素。有研究表明，在 ESG 方面表现良好的公司更愿意积极践行企业社会责任。在"双碳"目标的要求下，公司应从以下几个方面承担减排责任：①从自身的使命开始变革，将气候承诺纳入公司使命，并将该使命传达至各个利益相关方，利于企业的一致行动。②在考虑现有的政策、法律、技术和市场等因素的情况下，企业需识别出实现"双碳"目标时的风险和机遇及其带来的财务影响。在必要时，企业可能需要实施业务或技术的转型以适应"双碳"目标的要求。③基于企业自身的技术、能源结构等因素进行碳减排或碳交易。这一步骤主要以技术改造、提升能效、工艺创新、碳捕捉和参与碳交易、碳金融等为主要措施。要达到企业的可持续发展，企业还应持续推动碳中和相关的议题和技术研发，引领商业生态整体低碳转型，促进商业生态共建低碳发展。

从 ESG 的社会维度下的几个重要指标来看其对"双碳"实现的影响路径。"产品责任"指标涉及公司在保障客户的健康和安全、秉持诚实、保护数据隐私的同时提供优质产品和服务的能力。

"社会参与"指标涉及公司会积极关注社会环境问题，承担社会责任，积极开展减排或者新能源项目，为促进碳中和做出应有贡献。社会影响力、对当地经济和社会基础设施发展的支持等外在因素在一定程度上也会影响公司社会参与程度。

6.2.3 "G"——实现"双碳"的基本保障

20 世纪 80 年代以来，公司治理（Corporate Governance）逐渐成为国内外学术界和业界共同关注的一个全球性课题，主要包含公司在治理结构、透明度、独立性、董事会多样性、管理层薪酬和股东权利等方面的内容。中国评级市场在 ESG 的"治理"方面，主要关注企业的商业道德、反竞争行为、股东权益保护等因素，这些因素与"创新""共享"的新发展理念相契合。在全球气候危机大背景下，伴随着 ESG 理念和绿色发展理念的盛行，越来越多的投资者和消费者开始关注和看重公司的可持续性情况，年轻员工越来越重视公司的价值观与自己的价值观是否一致，这一结果无疑给企业带来了极大的压力。人们更希望董事会可以在管理企业风险方面发挥关键作用。

董事会如何主导 ESG 以实现"双碳"？①加强董事会的多样性。有研究表明，董事们将气候和 ESG 纳入治理实践的进展较慢。只有 6% 的受访美国企业董事选择气候变化作为来年的重点领域，56% 的董事认为投资者对可持续性问题的关注被夸大了。这表明董事会需要一个多元化的视角。实际上强调多样性的关键在于增加新董事带来新思维的可能性，有助于采取更积极主动的方法来治理气候和环境问题。②增加董事会专业知识。有效应对气候和环境、经济和社会集团风险对董事会提出了更高的专业知识要求。例如，Vanguard 在最近向美国证券交易委员会（SEC）提交的有关气候变化信息披露的意见书中表示："企业信息披露应该让投资者能够评估企业董事会的气候能力。"企业应考虑如何提高其董事会的 ESG 能力。例如，在董事会的提名过程中纳入环境、社会和文化因素，引入具备相关专业知识的董事；对董事会成员进行环境、经济和社会集团事务等方面的专业知识培训；聘请外部专家为董事会提供建议和指导激励管理的成功。

6.3　ESG 推动"双碳"实现的路径

ESG 可从多方面推动"双碳"目标实现，包括重塑企业经营理念、优化"双碳"的资源配置、助力能源结构转型、推动重点工业领域碳达峰、构建"双碳"实践的监督机制等。

6.3.1　ESG 重塑企业经营理念

无论是"E-环境"、"S-社会"还是"G-治理"因素，都是基于"企业-社会各利益相关者"的关联视角进行的界定，其本质特征是对利益相关者理论（Stakeholder Theory）更深层次的解读。此外，关于环境-社会-治理彼此之间的影响，也有众多研究关注，例如关于环境与治理之间的关系和社会与治理之间的关系。在环境-治理方面，有研究发现，公司治理机制在应对企业的环境和气候相关风险以及监控企业在碳排放计划中的参与方面发挥着关键作用。在社会-治理方面，许多学者认为，企业社会责任与几种公司治理机制之间存在正相关关系。有研究采用董事会特性的七个维度（性别、种族、年龄、外部董事资格、任期、权力和专业知识）研究了董事会成员多样性对企业社会责任绩效的影响，证明了董事会成员多元化与企业社会责任绩效的正相关关系。还有研究发现董事会中女性成员的占比与公司的慈善活动之间存在着积极的联系，即董事会中女性比例越高，企业社会责任披露程度越高。

传统企业理论以股东利益为中心，强调企业经营的最终目的是最大限度地提升股东回报，即股东利益最大化。从这一理论视角来看，ESG 是在以往以股东利益为核心的财务信息披露基础上，向以多方利益相关者利益为核心的非财务信息披露的转变，其可以理解为对各利益相关方的综合考量，"E-环境"考量的是可持续发展的环境因素，"S-社会"和"G-治理"考量的是企业活动所涉及的一系列利益相关者（如股东员工、供应商、顾客等）的利益。

企业是经济社会运行的基本单元，经济和社会的发展转型离不开企业的重要作用。ESG 理念强调企业要注重生态环境保护、履行社会责任、提高治理水平，与高质量发展这一主题不谋而合。在理论上，ESG 可为企业在环境、社会和治理三方面提供指导性原则，为企业高质量发展指明道路；在实践上，ESG 可给出评价企业在环境、社会和治理三方面表现的方法和指标，为企业推动高质量发展提供必要的工具。此外，《中共中央关于制定国民经济和社会发展第十四个五年规划和二〇三五年远景目标的建议》强调，"十四五"期间我国经济和社会发展要贯彻"创新、协调、绿色、开放、共享的新发展理念"。ESG 涵盖的诸多指标和新发展理念高度契合，可为企业贯彻新发展理念以及实现碳中和提供切实可行的抓手。

6.3.2 ESG 优化"双碳"的资源配置

ESG 可推动碳金融市场的发展。中国国际贸易促进委员会副会长张少刚表示，2060 年实现碳中和共需要约 136 万亿元投资，全国碳交易市场规模预计将达 3000 亿元，除政府出资外，需引入大量的社会资本，所以将更多地依靠市场自身来发挥作用。在"碳达峰""碳中和"战略目标的引领下，绿色低碳将成为经济发展的重要赛道，这也要求我国金融机构需坚持以绿色、可持续发展为社会责任，因此 ESG 理念在资本市场中的优越性愈加凸显。在 ESG 的投资理念之下，各金融机构可通过多种途径参与到发展前景广阔的碳金融市场中来：一方面，金融机构可扩大与低碳科技企业的合作和赋能范围，通过建设产业转型绿色创新平台推动碳金融市场的发展。另一方面，风险投资（VC）/私募股权投资（PE）机构可借助股权融资的方式来加快碳金融市场的资本配置；各地方政府、银行等组织也可为绿色新型企业争取获得更多的融资担保。

6.3.3　ESG 助力能源结构转型

"碳达峰、碳中和"战略目标的出现，无疑加快了我国经济社会和能源发展的转型。从"十四五"规划和"2035 年远景目标"中不难发现，相比较之前大篇幅的描述，我国已不再把扩张煤炭、煤电、油气等作为建设规划安排的重点。而是引导传统的能源技术、能源产业向新兴的能源技术、产业转变，即将主力能源转向风能、太阳能、光伏与生物质等清洁能源。根据我国历年各类型能源消费占比，预计 2030 年我国水电、核电、风电等清洁能源占消费能源总量的比重可达 30%（见图 6.6 和图 6.7）。这也进一步证明了能源结构转型是"双碳"目标实现的必要条件。ESG

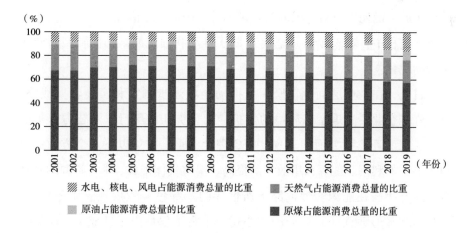

图 6.6　中国不同类型能源占能源消费总量的比重（2001～2019 年）

资料来源：国泰安数据库。

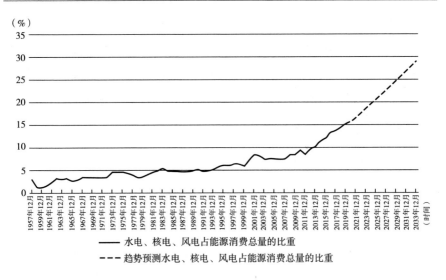

图 6.7　水电、核电、风电占能源消费总量的比重预测

资料来源：国泰安数据库中能源消费总量及构成文件。

理念与传统简单的财务绩效投资理念和评价标准相比，更加注重企业在促进经济可持续发展、履行社会责任等方面的贡献，如企业生产活动中产生的碳排放、能耗以及对气候的潜在影响等。因此，在治理高污染、高能耗行业的进程中，融入 ESG 理念将有助于推动我国能源结构的转型和产业结构的优化。

首先，在企业层面上，ESG 可推动企业逐步制定和实施转型战略。ESG 强调企业要注重生态环境的保护、社会责任的履行以及智力水平的提高。在"环境"方面的表现，ESG 理念的重点在于以下几个方面：可再生能源的利用、能源利用效率的提高、温室气体排放、水土资源的管理等，这与我国在能源转型道路上所倡导的"绿色"发展理念十分契合。另外，在 ESG 理念下，企业的核心竞争力将不仅局限于低成本、高盈利能力和高市场份额，还要求企业要保持长久的生命力，尤其是绿色保证能力、智能应变能力等方面。这便促使企业不断地朝向 ESG 所倡导的理念去调整企业战略与发展方向，以期有力践行绿色发展这一社会理念，进而在金融市场中获得更多的资金支持。

其次，在产业链层面上，ESG 可对传统能源、污染和排放源头等企业施加压力，迫使其进行技术革新或者引入清洁能源的使用。近十年来，我国碳排放占全球比重稳定在 28% 左右，增速仍高于世界平均增速。2010~2019 年，我国碳强度从 13.4 下降至 6.9，但与其他国家比较，我国的碳排放量、碳强度水平依然较高。而这其中，第二产业的碳排放仍占据主导地位。因此在碳达峰、碳中和减排总量目标一定的约束之下，钢铁、电力、水泥、交通、建筑等高耗能、重污染行业的生产必将受到直接的影响，各企业需不断寻求减少碳排放的路径和方法。

在 ESG 披露标准与评价体系中，其设计的众多指标均体现了对清洁能源开发和利用的支持，以及对社会责任的凸显，通过量化的方法实现了对现有企业信息的披露。加之 ESG 理念的支撑，在现有的资源和环境下，定会推动能源领域的技术进步，进而提高资源的利用率，加快新能源的开发和利用。

6.3.4　ESG 推动重点工业领域碳达峰

随着近现代工业经济的高速发展，我国能源消耗急剧攀升，二氧化碳排放量一直居高不下，且增长趋势愈加明显。而作为能源大国、人口大国，中国有义务也有责任在全球气候变化、碳排放等方面做出表态与表率。Carbon Emission Accounts & Datasets for Emerging Economies（CEAD）记录并核算了我国 47 个部门各年碳排放量数据，从分析结果中可以看出，化石能源的开采、金属冶炼以及电力、交通部门的碳排放量占据了我国碳排放总量的一大部分。因此，重点工业领域的碳排放将是"双碳"目标之下的管控重点，而与之倡导理念十分符合的 ESG 已在我国得以萌芽和发展，两者相辅相成、共同促进，将极大地推进中国气候治理历程以及金融投资市场的完善。

6.3.5　ESG 构建"双碳"实践的监督机制

构建有效的监督机制是"双碳"实践过程中的关键，只有在有力的监督和制约之下，企业的环境行为才能有所规制。"双碳"目标实现过程中的监督主体众多，其中包括立法机构的强制约束、互联网科技的引领、中央政府的指导以及能源环境领域的技术水平提升等。而 ESG 通过借助绿色金融体系这一渠道，加快了践行"双碳"目标过程中资金"保障网"的成型与完善，同时通过严格把控信息披露机制，实现对绿色低碳、可持续发展等新型企业的支持，提高资本市场的运行效率。

（1）ESG 构建"双碳"实践监督机制体现在 ESG 披露。随着国际组织和投资机构把 ESG 纳入自身管理，ESG 的内涵不断得到深化。各类 ESG 评价体系、ESG 投资产品进入金融市场，越来越多的投资者也开始将 ESG 作为投融资的重要标准，这就要求企业尽可能地按照国际上一些典型的标准（GRI、ISO 26000、SASB 等），将本企业对环境、社会和治理等信息进行一般性披露。碳排放信息披露项目（Carbon Disclosure Project，CDP）是一家国际非营利性机构，主要任务是协助企业和城市披露环境影响信息。CDP 的数据库提供了全球大型企业温室气体排放管理活动的相关数据，包括企业的减排目标设定、减排激励机制和减排技术运用。而我国的环境监管部门在过去几年中已经陆续发布了多个政策文件，就上市公司的环境信息披露提出特定要求，如《环境信息公开办法（试行）》强制超标、超总量排污的企业公开披露环境信息。另外，金融监管部门发布了相应的环境披露政策。2016 年人民银行等七部委发布《构建绿色金融体系的指导意见》，提出建立和完善上市公司强制性环境信息披露制度。以上背景均为"双碳"背景下的 ESG 推行创造了有利条件。

（2）ESG 构建"双碳"实践监督机制体现在 ESG 评价。在 ESG 评价环节，在保证评级质量的前提下，评价机构应有选择性地选取相关指标展开评价活动。在经过科学的核算之后，评价机构将把评级结果反馈给投资者，以满足其投资选择的需求。因而，ESG 评价在鼓励企业自愿披露 ESG

相关信息的同时，也建立起了一种激励和引导机制。另外，伴随着国内一、二级市场的监管趋势愈加严格，上交所、深交所提出了一系列对 ESG 的披露要求。当然，科创板领域的上市企业也会有鼓励性的 ESG 信息披露要求。深圳于 2021 年 3 月开始执行绿色金融条例，在深圳注册的管理规模在 50 亿元的私募机构，从 2023 年开始也必须要强制进行环境信息的披露。因此，ESG 评价及强制进行环境信息披露等制度，无疑为"双碳"实践的监督机制构建了双重保险。

（3）ESG 构建"双碳"实践监督机制体现在 ESG 投资。近期，以"碳中和、碳达峰"为主题的基金纷纷设立，这预示着地方政府、国企央企、上市公司以及产业投资机构等在未来均会考虑设立绿色、低碳等可持续发展的主题基金，支持我国实体经济绿色发展。因与绿色投资理念有高度的相似性，ESG 理念也将被金融机构纳入投资决策，并将进行自身的 ESG 体系构建和能力建设。监管部门在对企业的环境行为进行重点监督的同时，应加强 ESG 风险识别和管理，以应对气候变化、产业转型升级带来的风险和机遇。

第 7 章　优秀企业案例

7.1　案例背景

　　ESG 是联合国倡导的应对气候变化、社会不平等等人类社会共同挑战的企业可持续发展理念，是一种用市场化的机制推动企业低碳绿色转型、实现可持续发展的系统方法论。ESG 可持续发展需要构建企业、投资者、政策制定者与监管机构、第三方服务和研究机构、倡议组织等多元利益相关者构成的生态系统。其中，投资银行及资产管理机构作为资源配置者，借助 ESG 投资推动 ESG 生态系统的良性循环。近年来，ESG 投资已成为国际资产管理方向主流的投资理念，ESG 评价也已成为国际上企业非财务绩效的主流评价体系。我国政府、企业、研究机构也在积极实践 ESG。第一创业公司在这个过程中，实现了三个第一：

　　2020 年 7 月，第一创业正式加入联合国支持的责任投资原则组织（UN PRI），成为国内首家签署该原则、承诺践行六大负责任投资原则的证券公司。

　　2020 年 7 月，第一创业还与首都经济贸易大学等机构联合发起成立国内首家专门研究 ESG 的高校智库——中国 ESG 研究院，致力于推动中国 ESG 生态系统建设，构建中国 ESG 评价指标体系。

2020 年 11 月，首次在《2020 年度社会责任及 ESG 履行情况报告》中落实了气候相关财务信息披露工作组（TCFD）信息披露建议，成为国内首家支持并在披露中落实 TCFD 信息披露建议的证券公司。

2021 年，根据"香港品质保证局——恒生指数可持续发展评级与研究企业可持续发展绩效报告摘要 2021-2022"，第一创业证券股份有限公司"在行业中获最佳得分"，被纳入恒生 A 股可持续发展企业基准指数（HSCASUSB）成分股，意味着第一创业 ESG 实践获得权威指数编制机构认可。这样的成绩，来源于第一创业证券股份有限公司（以下简称第一创业）再一次敏锐地紧紧抓住 ESG（环境、社会与治理）这一可持续发展理念，率先在证券行业践行。第一创业致力于成为国内证券行业 ESG 实践的先行者和倡导者，通过在公司治理、业务发展、风险管理、社会公益等方面的积极探索，推动碳达峰、碳中和战略落地。第一创业的这些优秀实践，有效推动了 ESG 在中国的认知与实践，为金融企业践行 ESG 理念提供了很好的示范。第一创业是金融行业 ESG 理念在中国的先行者与引领者，我们希望借助于对第一创业 ESG 实践经验的描述为其他企业提供有意义的借鉴。

7.1.1 公司战略：有特色、负责任、可持续

在国家高质量转型发展的关键阶段，资本市场应当担当国家全面深化改革的"排头兵"和"领头羊"角色。这是公司管理层的深刻洞察。这一洞察也直接体现在第一创业的发展战略当中。大海航行，靠舵手；企业启航，要靠战略。公司管理层始终认为，企业要想发展，必须依赖于正确的发展战略的指导，纲举则目张。

因此，在 2002 年，第一创业刚刚摆脱发展的桎梏，准备在资本市场中大展拳脚之初，公司就明确提出企业的发展战略："追求可持续发展，打造具有独特经营模式、业绩优良、富于核心竞争力的一流投资银行"，做对市场负责任的金融机构。

首先，对企业负责。不盲目地支持企业的融资需求，而是负责任地给予企业恰当的融资建议。有效地保证被投资的企业不投机，稳健发展。其次，更重要的是，作为持牌金融机构，积极履行社会责任，服务实体经济，引导金融资源投资于符合国家发展规划、符合可持续发展经济要求、符合国家支持政策、企业具备持续成长能力的项目。为此，第一创业投资银行业务聚焦于：

　　•抓住转型机遇，通过并购重组助力产业龙头扩大产业优势，推动产业升级；

　　•为新经济、新动能、新产业提供高效的低成本融资服务，支持中国经济转型升级、实现高质量发展；

　　•发挥资产信用优势，大力推动资产证券化业务，助力实体经济盘活存量、拓宽直接融资渠道；

　　•拓展债券融资支持工具，帮助企业走出流动性困境。

　　从 2002 年明确公司发展战略时起，第一创业就坚守可持续、负责任的发展愿景，不为蝇头小利失去方向。在随后的几年内，公司获得了高品质的发展：

　　2006 年，获评《新财富》杂志"中国最受尊敬的投行十佳"之一；

　　2007 年，第一创业的投行业务收入稳定排在了全国的前二十位；

　　2007 年，获创新试点类券商资格，成为首批 29 家创新试点类券商之一；

　　2010 年，获年度银行间本币市场最活跃证券公司称号；

　　……

　　2020 年，子公司专户管理月均规模排名市场第一；

　　2021 年，被纳入恒生 A 股可持续发展企业基准指数成分股；

　　……

7.1.2　公司定位："排头兵"和"领头羊"

　　对中国资本市场成长的信心，以及第一创业以"在国家发展大潮中有所作为，对改革开放的实践有所贡献，为国家的资本市场建设有所担当"的使命感驱使其在业务发展中要成为"排头兵"和"领头羊"。为此，第一创业还进一步明确了公司的核心价值观——"诚信、进取、创新"，即：

●诚信，就是诚实守信。我们不轻易承诺，承诺了必须兑现；我们珍惜平台，不诋毁平台；我们崇尚真诚、表里如一；我们开诚布公，不背后议论。我们坚决反对违背承诺、出尔反尔。

●进取，就是追求卓越、崇尚极致。我们主张积极主动、勇于担当、不推诿、高效执行、不断更新与提升。创新是一种思维方式，也是一种能力体现。我们希望通过创新持续满足客户需求。我们鼓励积极而审慎的态度。

●创新，倡导对新生事物保持高度敏感性，勇于借鉴先进经验，拥抱变化。我们反对故步自封，墨守成规。

创新进取，让第一创业持续不断地发现市场中的商机。只要符合公司的发展理念，有利于促进金融市场的成熟，有利于帮助客户有效满足资金需求并可持续稳健成长的新兴事物，第一创业都愿意尝试。

"第一创业的发展历史无不体现第一创业胸怀梦想、牢记初心，没有条件创造条件也要上，不达目的誓不罢休的进取精神。"

第一创业秉承着这样的可持续发展使命，逐步建立起差异化的经营策略与均衡的业务收入结构，注重风险管理与内部控制，在起起落落的市场环境中，始终没有偏离正确的方向。特别是在业务发展遇到各种阻碍时，也能在使命的驱动下，不断地进取、创新，开拓新的业务。秉承着这样的价值观，成就了第一创业的无数个第一：深交所第一个认沽权证、中小板第一股"新和成"的保荐机构，第一家实现集中交易的证券公司，第一家探索集合理财资产管理的证券公司，第一批参与国家首批基础设施公募REITs项目的机构，发行全国首单知识产权资产证券化标准化产品文科一期 ABS……

在债券领域，第一创业更是一直处于全国前列，创造了多个第一：深交所第一个分离交易可转债，第一个银行间市场资产抵押式债券，第一个海域使用权抵押券，第一个垃圾债券"福禧债"的第一笔交易者。

迄今为止，第一创业（含各子公司）拥有了较为齐全的业务牌照，业务体系覆盖交易所、银行间等场内、场外市场，可为投资者和客户提供固定收益、资产管理、私募股权基金管理、投资银行、证券经纪、直接投资、产业基金、公募基金、期货经纪、另类投资等一站式综合金融服务。

如今，在国内 130 余家证券公司中，有 70 家拥有场内市场全牌照业务资质；有 90 多家具有银行间市场部分业务资质，但拥有银行间市场全牌照业务资质的证券公司不超过 10 家。第一创业正是其中之一。

20 多年来，第一创业注册资本从 1000 万元增长至当前的 42.024 亿元；从 20 余名员工起家，到全国员工超 3000 人；从挣扎于三角债艰难生存，到年度贡献税收超 10 亿元，总资产超 400 亿元；从一个营业部展业，发展到全国拥有 40 余家营业部、9 家分公司、4 家全资子公司，控股及参股多家机构，第一创业成为资本市场中的重要一员。

7.1.3 ESG 战略

第一创业在用负责任的发展战略指引企业开展业务的同时，也在积极探索如何承担更多的社会责任。管理层始终认为，一个现代化的企业应当具有社会责任感。引领企业发展的企业家更应具备社会责任感和历史责任感。

公司在保护自然环境、应对气候变化、精准扶贫和公益慈善方面做了大量工作。例如，2020 年，公司携子公司创金合信基金共同捐资认养 200 亩公益纪念林，并将这片护林地作为国情教育基地，希望组织更多的员工参加到阿拉善沙漠治理中来。在日常工作中，第一创业也持续推进无纸化办公、垃圾分类回收，持续打造健康、安全、卫生的办公环境，不断减少温室气体排放与排污等，进一步减少公司运营给环境带来的压力。

在扶贫方面，第一创业充分发挥了投资银行的专业优势，让扶贫工作脱离了简单的"授人以鱼"。公司坚持"脱贫不脱帮扶"的原则，借助公司资源配置优势整合各方力量，助力乡村振兴。2018 年，公司捐赠 75 万元建设山西省隰县城陛坡乡石村 100kW 光伏电站，建成后的发电收入将直接用于石村的定点扶贫工作。除此之外，第一创业还加大了在贫困地区教育上的投入。从 2014 年开始，第一创业就与上海真爱梦想基金会合作，推动边远地区素质教育的提升。第一创业每年都会选择在不同的贫困地区的本地小学里建 1~2 间"梦想教室"，让这些偏远地区的孩子能够通过素质课程，看到更广阔的世界，能够更有尊严地活着。此外还会捐书、捐物，推动边远地区素质教育的提升。迄今为止，已建成 10 家"梦想教室"。2020 年 1 月，公司获评为 2019 年度"大爱平江"扶贫助困慈善活动"金牌爱心企业"。

在公益慈善方面，第一创业也尽可能地发挥金融机构的特色，让慈善帮扶公益慈善资金发挥更大的作用。例如，公司作为深圳唯一一家券商，以捐赠深圳市金融素养提升公益基金的方式，切实推进"深圳市居民金融素养提升工程"的相关项目。2020 年新冠肺炎疫情发生后，公司除了专项拨款 20 万元用于武汉地区分支机构运营、疫情防范、武汉地区员工及家属慰问，以及向湖北省慈善总会捐款①外，还充分发挥"有固定收益特色"的金融服务能力，助力东阳光、欣旺达、华创证券等多家企业发行疫情防控债。销售抗疫债超过 70 亿元，为抗击疫情及复工复产提供保障。

ESG 的出现给了第一创业可持续发展战略一个有力的抓手和工具， 使第一创业的所有可持续发展业务与社会责任行为都能够利用 ESG 框架，更具设计性和可操作性，并且，金融机构所具备的"利用市场引导社会、企业的发展导向"的社会属性，也促使投资银行成了恰当的 ESG 推动者。所以，第一创业的使命和价值观要求公司面对这样的发展理念，就要积极

---

① 公司和旗下子公司创金合信基金分别向湖北省慈善总会捐款 200 万元和 100 万元。

尝试。

"ESG，第一创业要先行。"要将 ESG 理念纳入第一创业的管理当中，引领 ESG 在证券行业践行的风气之先，这不仅是政治、经济、科技、社会发展大势使然，是新时代第一创业的发展使然，更是第一创业发展基因使然。为此，第一创业率先在证券行业引入了 ESG 体系，将 ESG 作为第一创业实现可持续发展的发展战略。

2020 年，第一创业正式将公司愿景修订为"追求可持续发展，做受人尊敬的一流投资银行"。也是在 2020 年，第一创业正式加入联合国责任投资原则组织，是国内首家签署责任投资原则的证券公司。在 2021 年 6 月，公司第三届董事会第 22 次会议正式决议：第一创业将全面推进 ESG 治理体系建设，深入落实 ESG 实质性议题。2020 年 11 月，首次在《2020 社会责任及 ESG 报告》中落实了 TCFD 信息披露建议，成为国内首家支持并在披露中落实 TCFD（气候相关财务信息披露工作组）信息披露建议的证券公司。2021 年 3 月 30 日，第一创业披露《2020 年度社会责任及 ESG 履行情况报告》，首次对 ESG 履行情况进行合并披露，也成为国内首家支持并在披露中落实 TCFD 信息披露建议的证券公司。

7.2 企业 ESG 体系构建

第一创业的发展历程表明，企业的发展依赖于战略。第一创业要按照 ESG 理念发展，将社会责任与企业效率有效结合，就必须将 ESG 作为第一创业的发展战略。企业 ESG 体系构建是践行 ESG 战略的关键一步。第一创业把 ESG 体系构建分为凝聚共识、确立 ESG 实质性议题、开发治理体系三个阶段。

7.2.1　凝聚共识

首先，全方位宣传培训。公司领导层主持了多场公司范围内的 ESG 专题培训，向员工介绍了 ESG 投资的原理及在欧美市场的实践情况、案例等。在各种场合下对公司员工，特别是总监以上的管理人员进行 ESG 理念培训宣讲，让第一创业全体员工得以系统地了解 ESG 的由来、发展过程、理念、发展趋势，以及与第一创业发展的关系。通过培训，ESG 理念获得了全体员工的高度认同。

其次，与具体工作相结合。"干中学"一直是组织学习中的有效手段。第一创业，作为一家投资银行，风险管理是重中之重。对于投资部门的负责人，利用 ESG 风险管理的理念引导他们学习、认可并利用 ESG 理念进行产品设计，风险管理是一个很好的切入点。因此，管理层又重点对旗下的公募基金进行了多次培训，ESG 理念获得了投资业务管理团队的认同。

在经过了几轮的培训、宣讲之后，公司内部对 ESG 的理解慢慢加深，大家逐渐认识到 ESG 与资本市场现有的资源配置功能和市场化框架结合，可以进一步引导与优化资源配置的方向，实现义利并举。共识已经形成，思想基础已经筑好，第一创业开始实质性进入 ESG 治理体系的建设工作之中。

7.2.2　确立 ESG 实质性议题

前期的宣讲培训，让第一创业的全体员工开始接触并逐渐理解了什么是 ESG，但如何与自己的工作相结合，还需要做进一步思考。管理层明白，没有实质性的具体框架，一切理念都是空谈。ESG 的理念要融入员工的工作，就必须将其纳入公司的管理体系中，将 ESG 理念具象化。为此，管理层带领 ESG 研究员分析联合国可持续发展目标、国内经济转型趋势及可持续金融发展趋势，参考 GRI 标准（全球报告倡议）、SASB（可持续发展会计准则）等国际 ESG 标准和国内政策现状，研究将 ESG

纳入公司战略的方案。

ESG 作为可持续发展的有力抓手，其在公司的顺利实施离不开与各项工作的结合。这需要每一位员工都明确与公司 ESG 治理体系的关系，让每一位员工都从公司的 ESG 发展战略出发，考虑自身的岗位职责。第一创业的一个有效的方法是，设置实质性议题。ESG 实质性议题（Material ESG Factors）是体现机构组织的重大经济、环境和社会影响的议题，或者是对利益相关方的评估和决策有实质性影响的议题。ESG 实质性议题的管理水平会对机构的财务绩效产生影响。

充分考虑客户、投资者、员工、监管机构等利益相关者的诉求，以及结合对组织所处经济发展情境的分析，是确定一个组织 ESG 实质性议题的必要流程。因此，在实质性议题的确立上，ESG 研究院首先根据国内外最佳实践为相关部门设置了需要完成的实质性议题，再由各部门结合自身的工作，分析各自部门实质性议题的合理性，最终达成共识。例如，对于法律合规部，按照国际惯例，需要考察一个 ESG 实质性议题——预防金融犯罪。但在实际操作过程中，金融犯罪涉及的领域很广，每一个罪名或犯罪内容在不同的公司的优先程度是不同的。在第一创业，反洗钱就是一项重要工作，因此，在设定法律合规部的实质性议题的时候，就依据第一创业该部门实际工作内容，将"反洗钱"定为该部门的一项 ESG 实质性议题。

在高管、ESG 研究员、组织管理层、部门负责人反复进行讨论与沟通后，第一创业的各个部门开始逐渐理解 ESG 实质性议题对本职工作的积极影响，开始主动思考如何确立本部门的实质性议题，让本职工作更好地融入 ESG 体系中。例如，投资部门的员工开始主动寻找能够帮助他们的 ESG 投资指南，并积极讨论如何从 ESG 定义出发，制定相关的投资政策。

经历了数月打磨，为"打造公众可感知的企业社会责任，增强企业核心竞争力，形成独特优势和品牌效应；提高产品服务创新能力，增加资产管理规模，扩大行业影响力"，体现一个机构重大经济、环境和社会影响，第一创业最终甄别出 20 个实质性议题（见表 7.1）。

表 7.1　ESG 实质性议题分类

分类	议题名称
经济类议题	经济绩效、ESG 投资策略、产品与服务设计
环境类议题	绿色运营、金融活动产生的环境影响
社会类议题	公平雇佣行为、员工平等与多元化、员工培训与教育、职业健康与安全、道德和诚信、反腐败、预防金融犯罪、营销信息合规、数据治理、网络信息安全、乡村振兴、抗疫责任
治理类议题	公司治理、ESG 风险管理、供应链管理

资料来源：第一创业内部资料。

7.2.3　开发治理体系

为了有效地将 ESG 实质性议题运用于公司内部管理体系中，落实 ESG 实质性议题，持续提高公司治理能力，提高管理效率，第一创业公司从以下两方面发力。

一方面是组织结构保障。公司专门成立 ESG 委员会，作为公司经营管理层贯彻落实公司董事会 ESG 战略的执行和议事机构，从管理架构上让所有员工都了解到，推进实质性议题是公司战略行为。公司总裁王芳、党委书记钱龙海担任主任，委员包含业务线最高负责人、首席风险官、董事会秘书等。

2021 年 6 月，在公司第三届董事会上，第一创业明确以公司董事会为最高 ESG 管理机构；公司经营管理层在董事会领导下，负责相关事项的组织与执行；监事会作为内部监督机构，监督 ESG 治理体系的落实；相关部门、各分支机构及子公司负责 ESG 议题的具体落实。

另一方面就是构建 ESG 治理体系。考虑到作为金融机构在资产配置活动中的作用，第一创业的 ESG 治理体系兼顾了企业的业务发展和所肩负的社会责任。2021 年 6 月，公司第三届董事会第 22 次会议正式决议：

第一创业将全面推进 ESG 治理体系建设，深入落实 ESG 实质性议题。第一创业 ESG 治理体系以 ESG 实质性议题为核心，由 ESG 管治、ESG 投资、ESG 风险管理、ESG 信息披露四部分组成（见图 7.1 和表 7.2）。

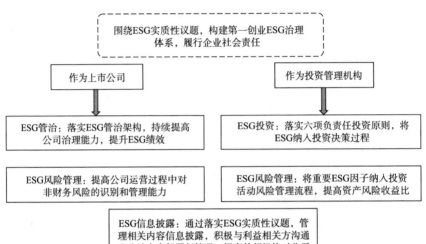

图 7.1　第一创业 ESG 治理体系

资料来源：第一创业内部资料。

表 7.2　第一创业 ESG 治理体系内容

	内容
ESG 管治	将 ESG 实质性议题管理运用于公司内部管理体系中，利用关键指标评估议题落实效果，持续提高公司治理能力，提高管理效率
ESG 投资	提高公司投资部门的 ESG 投研能力，加强投资活动中对风险的识别和管理能力，追求更高风险收益比，为客户提供稳健收益回报
ESG 风险管理	分析与实质性 ESG 议题相关的风险与机遇，增加气候变化等条件下对信用风险、市场风险变化情况的分析，加强投资活动中对 ESG 风险和机遇的识别能力，提高将风险转化为市场机遇的能力
ESG 信息披露	完善 ESG 信息收集、校验、披露流程，积极通过信息披露渠道与监管机构、外部评级机构等重要利益相关方沟通，提高公司 ESG 绩效，提升企业价值，增强投资者信心

资料来源：第一创业内部资料。

首先，第一创业作为上市公司，本身的行为要符合可持续发展的理念。公司要在治理的全方位考虑到可持续发展。例如，在员工培训方面，包含营销信息合规、反腐败、职业行为规范、信息安全意识、职业健康与安全等培训；在日常运营管理方面，关注能源的消耗、筛选供应商时考虑环境合规因素；注重多元化与平等的企业文化建设，形成员工多元化与平等文化和制度的统一规范表述；等等。

　　其次，为了更好地履行金融机构的社会责任，利用 ESG 投资引导社会资金资源的优化配置，所以 ESG 治理体系中还要包含 ESG 投资部分。

　　再次，风险管理作为公司稳健发展的基础，也是金融机构必须要考虑的部分。而且，完善的 ESG 风险管理，也可以有效支持 ESG 投资行为。

　　最后，作为负责任的公司，企业的所有行为都应该向利益相关者披露，因此，ESG 披露也是治理体系中的重要内容。

7.3　企业 ESG 实践

7.3.1　ESG 管治

　　将 ESG 实质性议题纳入公司发展战略，将 ESG 具体责任落实到各部门，通过制度建设来完善 ESG 管治体系，提升企业 ESG 治理绩效，体现公司管理效率。这是 ESG 在第一创业实践的第一步。为此，管理层带领 ESG 研究员首先梳理公司的组织结构和工作岗位，再结合各自的岗位职责，确立 ESG 实质性议题在各部门的具体要求，如图 7.2 所示。

　　在此基础上，公司又规划了每一个实质性议题在具体实施时的管理内容与过程（见表 7.3）。

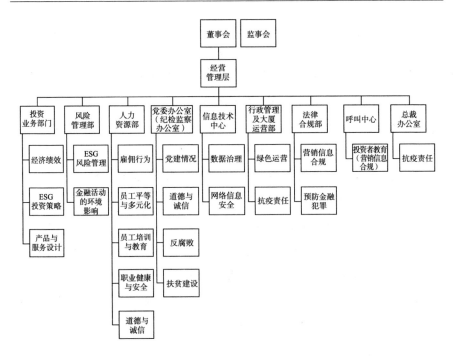

图 7.2　确立和落实具体实质性议题的相关部门

表 7.3　实质性议题实施管理内容与过程

序号	内容
1	实施管理方法的目的（促进正面影响/避免或减轻负面影响）
2	制度/政策
3	工作承诺
4	工作目标
5	执行部门
6	为管理该议题而分配的资源预算以及分配理由
7	具体项目与流程
8	信息披露指标
9	外部基准对照（参考 MSCI 建议及同行最佳做法）
10	利益相关方反馈（信息披露等利益相关方沟通渠道）

7.3.2　ESG 投资

"ESG 不仅是一种感性的情怀，它也关乎理性投资。换言之，在履行社会责任的同时也可兼顾回报，两者是并存的。"

在投资管理活动中增加 ESG 因子分析，有效识别和管理 ESG 风险，提高资产组合的风险收益比，为投资者提供良好投资回报，可以让第一创业在履行社会责任、践行可持续发展的同时，获得良好价值回报。为此，第一创业在投资活动和风险管理过程中，为融入 ESG 进行了大量的尝试。

对于在投资中融入 ESG，在有些企业中可能会面临巨大的阻力。因为关注可持续，就不会关注政策不鼓励的行业、环境污染严重的行业、有较高违规风险的行业，这意味着企业可能放弃一些看似短期高回报的项目。但这在第一创业却没有任何异议。因为，第一创业从成立之初，就明确要求对客户"负责任"，不适合客户的融资方案，即使第一创业的获益高，也不会推动实施，反而会建议客户不要这样去做。如果客户坚持，那第一创业宁愿丢掉这个客户，也会不支持这样有高风险的融资方案。这种"负责任"的可持续发展公司理念，让第一创业的全体员工不做投机取巧的事情。这样的认知在有了 ESG 这个框架的时候，"把我们原来一些零散的知识给体系化了，原来自觉不自觉的应用，现在都统一到一起"。

但仅负责任是不够的，第一创业还要主动出击，用 ESG 理念选择项目。2020 年 7 月，第一创业正式加入联合国责任投资原则组织，是国内首家签署负责任投资原则的证券公司。公司目前积极将 ESG 因素纳入投资决策和业务运营中，逐渐扩大将 ESG 因素纳入考量的资产规模。

为此，第一创业做了各种努力。公司发起成立第一创业 ESG 整合债券系列资产管理计划，积极打造以 ESG 整合策略为理念的资产管理品牌，提升投资组合的风险收益比，为客户创造价值。公司旗下子公司创金合信基金发起设立多只 ESG 主题的主动管理型权益基金，运用 ESG 主题法与负面筛选法，投资于气候变化、新能源新材料、新能源汽车等 ESG 主题相关的优质资产，在防范气候环境风险的同时，积极抓住气候变化转型带来的机遇，为投资者创造价值。

在私募股权投资业务方面，公司私募股权基金管理子公司一创投资，重视产生积极、可衡量的环境社会影响的行业投资，规避高能耗、高污染以及涉及违法违规的相关行业，将高端装备制造、生命健康、新一代信息技术与环保和新能源行业作为重点关注行业，在获得财务回报的同时实现可持续目标。

在投资银行业务方面，第一创业作为承销团成员，协助发行人上海汽车集团财务有限责任公司成功完成"上和 2021 年第一期绿色个人汽车抵押贷款资产支持证券"的发行工作，助力资本市场的第一单"碳中和"概念的绿色车贷 ABS 项目发行成功；助力首批公募 REITs 中唯一一单污水处理特许经营权类的基础设施公募 REITs——首创水务 REITs 发行成功。

资产管理部始终认为，市场、客户最关心的还是资产回报率，投资机构的中间筛选过程只是过程，而非结果。企业最终必须要为整体收益率负责。抛开企业收益，单纯地考虑环保、考虑社会责任是一种不负责任的表现。既不能因为某些主体的传统指标过于优秀，而 ESG 在这些方面做得很不足，而把它判断成一个很好的标的；也不能因为它在传统指标上的一个弱势，而在 ESG 指标上的强势，就判定它是一个很好的投资标的。必须要将两者结合起来，将 ESG 的理念嵌入评价指标体系当中全盘考虑。这样搭建的框架，其实无论从投资标的选择，还是对外销售、客户沟通的过程，都获得了双方的认可，实现了"双赢"。于是，资产管理部积极着手构建完整的 ESG 整合投资体系，如图 7.3 所示。

第一创业通过各种方式，积极有效引导公司的投资方向，促进更多资源投向 ESG 领域。2020 年，公司凭借突出表现，荣获《上海证券报》2020 年上市公司"金质量·公司治理奖"。2021 年，凭借在 ESG 方面的卓越表现，首次入选恒生 A 股可持续发展企业基准指数（HSCASUSB）成分股。

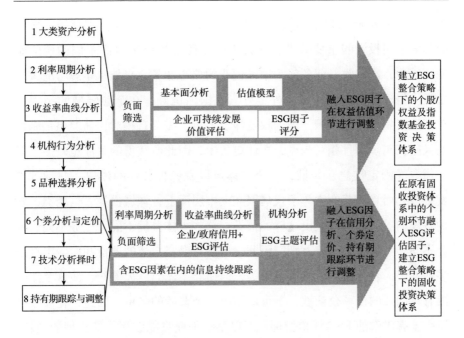

图 7.3 纳入 ESG 因素的券商资管自上而下投资分析体系

资料来源：第一创业内部资料。

7.3.3 ESG 风险管理

公司支持由金融稳定理事会（FSB）设立的气候相关财务信息披露工作组（TCFD）建议，并且将结合《深圳经济特区绿色金融条例》要求对环境气候相关风险进行管理。在具体的风险评估与管理中，公司逐步推行以下措施：在信用风险评估中，结合碳排放量的国家认定对该类行业或主体进行控制；在市场风险管理中，设定鼓励投资的控制 ESG 碳排放量的相关行业或相关技术改造的领先主体。第一创业正逐步将 ESG 因素纳入风险评估和管理，强化风险管理能力，结合非财务信息弥补传统风险评估体系不足，完善和优化风险管理体系，引导 ESG 投资。

同时，第一创业积极搭建与 ESG 相结合的内部信用评级体系，引导 ESG 投资。结合 ESG 的内部信用评级，基于信用主体的经营、财务和信用情况，加入 ESG 评价指标，按不同权重综合形成主体信用评级。该评级作为公司投资的重要管理指标，不同主体信用评级对应不同的授信额度。其中，固定收益业务作为第一创业的核心业务，自然也是思考的重中之重。但现实是，ESG 在海外也好，在国内也好，在金融领域的运用比较多地聚焦于权益领域。因为权益涉及上市，需要有相对比债券更强制性的披露机制。而且相对来说，主体更集中，因此所获得的关注也较多。但在债券（固定收益）领域，一个主体可以发各种各样的债券，并且可以发很多，而且发债的主体不仅局限在上市层面上，像城投类、信用类，各种各样的主体都可能发出这样的债券。这些主体目的不同、业务不同、行业不同，可以说是千差万别，因此，虽然对融资主体的评价在实践中有很多的方法，包括白名单、黑名单等，但债券主体的巨大差异，使这个体系没有特别强的市场公认性，不可能给出一个普适的名单。因此，在固收领域尚未有成熟的 ESG 评价指标，所以第一创业只能创新。最典型的创新，属于对城投债评价指标的创新。

第一创业资产管理部的城投债业务占整个信用债投资的 90% 左右。但在进行债券评价分级时，原有分析框架更多地参照债券分析传统框架，财务指标占比相对较高。但是从第一创业投资实践过程中发现，城投债中产能过剩基本上是没有的。单纯地依靠财务指标，可能对未来估值走势的预判性并不是很强。很多城投区域，例如天津，津城建的体量非常之大，所以只通过财务指标这样一个传统的框架，很难看出未来的估值风险。这就造成不同地区的城投债的利差走势分化非常严重。而在引入了 ESG 理念之后，在搭建整合体系的时候，把传统财务指标与 ESG 的非财务指标的评价维度相结合，可以更好地、前瞻和预判性地发现一些市场投资机会。

有了想法，资产管理部开始构建基于 ESG 的评估体系。市场上已有的是中债的 ESG 评估数据库。可员工们拿到数据库时，发现其整个设计逻辑在实际投资中应用性并不强：这个数据库把城投债这个品种按照各个城投主体的行业分类分散到各个行业里，然后用行业的一些标准去评估城投平台本身的 ESG 的分数,这跟实际投资是有很大差距的。

现有的不能用,第一创业"只好"发挥其进取、创新的精神,自己开发。基于 ESG 理念框架,第一创业认为,城投的本质,并不是一个以盈利为目的的自主经营的法人企业,它更多地承担着政府融资平台的功能,公益属性非常强。其发债主要是为了区域的建设和发展。因此,评价城投,更多地应该从城投对区域的贡献的角度,还有其所在区域的可持续发展能力的角度,来判断城投平台到底有没有投资价值。所以,最终第一创业放弃了直接使用中债的 ESG 评估数据库,转而自己开发设计了更符合城投 ESG 理念的评价体系。例如,城投债筛选标准中加入区域层级,就是从 ESG 的角度对区域进行筛选,选出一些重点的性价比较高的区域,然后再在这些区域内进行相关的精选的。

2021 年 8 月底,第一创业城投债 ESG 整合评估指标体系已经搭建完成。第一创业城投债 ESG 整合评估数据库涵盖 2700 多个城投债发行主体发行的所有债券品种,实现城投债发行主体及债券品种的全覆盖,为 ESG 投资提供基础性的评价数据支撑。

7.3.4 ESG 信息披露

为了更好地完善 ESG 信息收集、校验、披露流程,展示第一创业 ESG 履行成果,增强投资者信心,获得社会的认可,公司还通过信息披露积极与利益相关方沟通企业社会责任履行情况,提高外部机构对公司的 ESG 评级。结合 ESG 实质性议题列表,建立每项议题对应的政策内容、绩效指标与绩效目标,参考国际通用 ESG 披露标准进行 ESG 信息披露,促进利益相关方沟通,获得利益相关方的认可。

2021 年 3 月 30 日,第一创业披露《2020 年度社会责任及 ESG 履行情况报告》,首次对 ESG 履行情况进行合并披露,也成为国内首家支持并在披露中落实 TCFD 信息披露建议的证券公司。

7.3.5　ESG 实效

第一创业在 ESG 理念践行方面的率先垂范，获得了社会的认可：在 MSCI 明晟、标普全球企业可持续发展评估，恒生企业可持续发展指数可持续发展表现评估等外部评级项目中，ESG 绩效表现获得评级机构的认可。根据"香港品质保证局——恒生指数可持续发展评级与研究企业可持续发展绩效报告摘要 2021-2022"，公司"在行业中获最佳得分"，被纳入恒生 A 股可持续发展企业基准指数（HSCASUSB）成分股，意味着第一创业 ESG 实践获得权威指数编制机构认可。而且，MSCI 给予第一创业"BB"的 ESG 评级结果，处于业内较优水平。

第8章 中国 ESG 发展的
挑战与机遇

8.1 中国 ESG 发展的挑战

伴随着中国经济进入高质量发展新时代，ESG 理念在中国的应用愈加广泛，大规模的企业和基金将 ESG 因素纳入决策的流程中，以期在获得财务回报的同时，追求更多的环境和社会效益。然而，由于 ESG 这一概念进入国内时间较短，我国的 ESG 发展仍面临着诸多挑战。

8.1.1 中国 ESG 建设起步晚，市场规模小，ESG 表现有待改进

中国首个 ESG 指数和首个 ESG 主题基金分别建立于 2005 年和 2008 年。直至 2018 年 11 月，我国正式发布了《中国上市公司 ESG 评价体系研究报告》和《绿色投资指引（试行）》，这才意味着我国即将开启 ESG 投资实践的新进程。尽管 ESG 已成为当前世界企业管理和金融投资领域的发展方向，但国内的相关理论和实践仍处于初级发展阶段，整体 ESG 资产管理规模有限。我国虽追随 ESG 的全球发展趋势，但在实际投资操作中，大部分基金的经理人仍然会很大程度上受到经济政策的驱动，以期

在获得高额回报的同时，降低公司风险的可能性。另外，中国企业在 ESG 评价中不佳的表现也成为国际资本流入中国市场的另一障碍。根据商道融绿统计的 2017~2019 年沪深 300 上市公司 ESG 评级分布，目前我国 A 股上市公司 ESG 评级的中位数仍在中等水平以下。与此同时，MSCI 和富时罗素设计的各类指数显示，中国企业在其中的 ESG 指数占比较低（见图 8.1）。

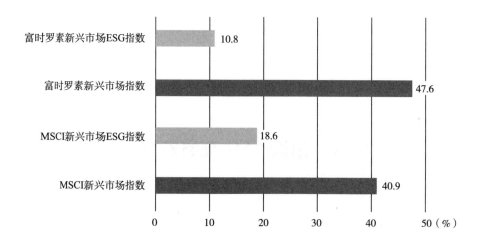

图 8.1 中国企业在新兴市场指数和新兴市场 ESG 指数中的占比

注：以上图片依据 2020 年数据绘制，其中 MSCI 新兴市场 ESG 指数来源于 MSCI Emerging Markets SRI Index，富时罗素新兴市场 ESG 指数来源于 FTSE4Good Emerging Index。

8.1.2 中国 ESG 披露标准的问题

国际上现有典型的 ESG 信息披露标准众多，如 GRI、ISO 26000、SASB、TCFD、IIRC、CDP 等。这些标准的制定通常由非营利性国际组织负责，目的是使企业 ESG 行为公开化，为利益相关者提供更为准确和客观的企业 ESG 信息。然而也是由于标准数量较多、差距较大，企业披露、机构数据采集等工作很难统一标准，也为投资者的投资决策带来一定的困难。据统计，截至 2020 年，我国共有 4000 多家 A 股上市企业，其中共有

1130 家的企业（国有企业、民营企业及外资企业等）发布了泛 ESG 相关的报告，约占上市企业总数的 27%。而以上发布 ESG 相关报告的企业所采用的披露指南呈现出多样化的特点，虽然以参考 CSR 标准的企业居多，但仍有少部分企业采用 GRI、香港联交所 ESG、国际标准化组织等其他标准。我国的 ESG 相关研究机构仍在起步阶段，应不断地向一些具有代表性的机构看齐，如 BlackRock 要求，所有接受其投资的企业须在 2020 年末统一采用 SASB 标准披露其 ESG 表现，且在气候相关问题的披露上要符合 TCFD 规范。通过适时的调整，避免因框架和标准的不一致性阻碍 ESG 发展。

8.1.3　中国 ESG 披露数据的质量问题

现有的 ESG 评价机构，相当一部分 ESG 数据来自企业的主动披露和第三方问卷调查，而由于强制性 ESG 披露的政策法规还不普及，目前我国的两个股票市场也只是发布了自愿披露准则，仅有一小部分上市公司发布了企业社会责任报告，仍存在大量企业不会全面披露企业的 ESG 相关数据的情况。而且这些报告中的信息很难量化，目前多数基金经理对于 ESG 因素仍以定性研究为主、定量为辅。另外，企业主动披露和第三方问卷调查都存在数据可信度的问题。如想提高数据的质量，可能需要通过强制立法的手段以及中国政府的协调来敦促企业对相关数据的披露。针对 ESG 评价模型的透明度问题，某些评价细节因涉及被评价企业的机密，往往会出现某些人为操纵的现象，所以这也将成为 ESG 发展中的一大难题。

8.1.4　中国 ESG 评价的一致性问题

现有研究表明，不同机构给出的 ESG 评价一致性较低。如华证、富时罗素、商道融绿以及社会投资联盟 2020 年的最新 ESG 评价结果，其平均相关性仅为 0.2。而不同 ESG 评价间的差异可归结于以下三点：①指标差异，即针对同一 ESG 要素，不同评价体系采用不同指标加以衡量。

②范围差异，即不同评价体系会涵盖不同的 ESG 因素。③权重差异，即不同评价体系赋予同一指标的权重不同。众所周知，评价结果是否一致对于投资者、企业自身和研究者都有巨大影响，因此这也是 ESG 今后在发展的过程中，相关学者和专家亟待解决的关键问题。

8.1.5　ESG 的本土化发展和推广

由于 ESG 起源于欧美国家，在 ESG 评价环节中，环境、社会和治理方面的指标往往又与当地的文化和国家体制有较强的关联，而文化和体制差异无法进行价值判断。另外，中国股票投资者对一些 ESG 指标的相关性或重要性有着不同的理解。例如，随着我国监管机构对重污染企业的惩罚力度不断加大，我国绝大多数投资者仍旧不会将石油或天然气企业视为 ESG 风险较高的企业。所以，一些基金管理人认为，ESG 的数据提供和评估框架应针对中国进行调整，以达到有效的投资效果。因此这便要求中国 ESG 评价机构能够立足于本地，设计适宜本国文化和体制的评价体系，最终开发并建立一套具有中国特色的 ESG 数据库及 ESG 相关指数，进而多视角、多维度地反映 ESG 理念在中国企业的实践应用。

8.1.6　中国 ESG 投资的"漂绿"风险

现如今，以环境、社会和治理为主题的 ESG 投资发展似乎已经势不可当，国际金融市场中已有大量资金涌入了 ESG 相关基金。在我国，"泛ESG"公募基金共有 251 只，主要涉及"低碳""环保""新能源"等领域，增长趋势迅猛。而我国 ESG 投资大多是在 2019 年盛行，整体来看，仍处于摸索阶段。所以，过快的增长速度并不意味着 ESG 投资市场的价值得到了显著提升。因此，各个资产管理机构需对"漂绿"（虚高 ESG 水平、误导投资者等）行为做好实时的警惕和规避。例如英国的监管机构正在围绕"漂绿"这一行为，对部分宣扬环保价值的品牌发表了误导性声明。另外，关于基金对 ESG 的模糊定义给投资者带来了极大风险，美国证券交易委员会就此行为提出了严重警告。以上均是对于 ESG 盛行之下的"漂绿"行为做出的监督反馈。以此类推，我国的 ESG 投资也会存在不同程度上的"漂绿"行为，鉴于目前 ESG 缺乏统一的评价标准、数据质量有待提升，除了加强顶层设计的监管力度之外，各金融市场的投资者和投资机构在进行相关 ESG 投资时，应保持清醒的认识，而非不加区分地参与到 ESG 投资热潮之中。相关企业也不能因短暂的经济利益，一味地追求良好的 ESG 表现，而是应该客观地做好 ESG 披露，真正地承担起社会责任，杜绝"漂绿"行为的出现。

8.2 中国 ESG 发展的机遇

8.2.1 高速发展的投资市场推动 ESG 的发展

自 2004 年 ESG 概念提出以来，ESG 投资理念被广泛研究。2009 年，联合国全球契约组织（UN Global Compact）、联合国贸易和发展会议（UNCTAD）、联合国环境规划署金融倡议组织（UNEPFI）以及联合国责任投资原则组织（UNPRI）共同发起了可持续证券交易所倡议（SSE），旨在促进全球各交易所的同业间交流和学习，以期各大交易所能够在促进可持续发展方面取得一定的成就。此倡议的提出标志着 ESG 投资进入了投资者、证券交易所、监管机构多方合作的快速发展阶段。与之同步，ESG 在国内也进入了加速发展期。同时基于发展势头迅猛的国际、国内投资市场，ESG 在中国的需求将直线上升。另外，境外投资普遍看好中国市场。而中国作为世界第二大经济体，率先从疫情中恢复，并且进一步开放中国的金融市场，因此也极大地推动了境外投资机构对中国的持续加仓。在针对境外机构投资者的 2020 年度《人民币机构投资者调研》中，59% 的受访机构表示将"开始投资中国"或"增加对中国投资"，95% 的机构表示中国市场对其"最重要"或者"日益重要"，外资乐观的投资态度无疑将加快中国 ESG 金融市场规模的扩大。

8.2.2 逐步完善的信息披露制度推动 ESG 的发展

首先，我国披露 ESG 报告的数量逐年上升，未来发展态势持续向好。其次，在我国"碳达峰、碳中和"战略目标的指引下，各行业将设定碳减排政策目标，全国即将建立碳市场，以形成中国企业碳排放的外部强约束。预计中国企业未来的可持续发展报告中，与碳中和、碳排放等相关的数据披露会剧增，而且也会更详细，因而 ESG 在环境维度的披露方向将更为明确，必将更多地聚焦于"碳适应和碳减排"。最后，即使中国现行的是自愿披露原则，然而随着中国逐步向国际投资者开放股票市场，越来越多的投资者了解了国际上市公司，那么中国上市公司 ESG 信息的需求也将会得到显著增长。

8.2.3 经济高质量发展推动 ESG 的发展

在面临气候变化和新冠肺炎疫情的双重冲击之下，我国现阶段更加注重人与自然和谐发展，而非一味地追求过高的经济增长。2017 年党的十九大报告首次提出"高质量发展"，并指出中国"经济已由高速增长阶段转向高质量发展阶段"。2020 年 11 月党的十九届五中全会通过了《中共中央关于制定国民经济和社会发展第十四个五年规划和二〇三五年远景目标的建议》（以下简称《建议》）。《建议》明确指出，"十四五"期间要"以推动高质量发展为主题"。企业是经济社会运行的基本单元，经济和社会的发展转型离不开企业的重要作用。而 ESG 正是将企业的可持续发展与环境、社会等多个因素紧密联系在一起，因此这也加速了我国企业未来对 ESG 理念的支持和应用。尤其是将通过更多的 ESG 信息披露，来满足投资者的需求，获得更好的 ESG 表现。另外，外部制度的完善，也将促进 ESG 在我国的生根发芽。除了全球相继出台 ESG 法律、监管法规、ESG 披露指南等，我国对于 ESG 的重视程度在近年也达到了新的高度。2020 年国务院常务会议提出，想要进一步提高上市公司质量，就要完善上市公司治理制度规则，提高信息透明度和披露质量。而这一趋势尤其体现在我国国有企业践行 ESG 理念的系列行为之中。在 2020 年披露 ESG 报告的 1118 家企业之中，国有企业共有 565 家，占据一半左右的比例。另外，国有企业的发布率也远高于其他类型的企业。

8.2.4　"双碳"战略目标的提出推动 ESG 的发展

"双碳"战略目标的达成需要金融市场中强大的资本投入，而 ESG 正是通过借助金融市场资本运作这一功能推动我国"碳减排"事业的发展的。首先，ESG 为碳金融市场的发展奠定了重要基础，"双碳"金融市场资源的优化配置需借助 ESG 的力量。因为 ESG 的投资理念使众多投资者和投资机构在对碳金融市场选择时有了合理的判断，进而使碳金融市场的资源得到高效的配置。其次，我国能源结构的转型离不开 ESG 金融投资的引导作用。ESG 的投资倾向进一步迫使高耗能、高污染企业向资源节约与绿色低碳的战略靠拢，为重点工业领域（电力、交通、建筑等）碳减排积蓄力量，基于清洁技术的革新，调动社会各级力量开展节能降碳的活动。再次，"双碳"战略目标的达成，也可借助"ESG"这一平台，逐步加强与国际绿色资本、机构等的合作，促使我国"双碳"战略及"碳金融"市场规范化、国际化。最后，"双碳"战略任务的开展与我国碳减排的监督机制以及社会文化等外部因素息息相关，有利的外部环境将会在很大程度上推动目标的顺利实现。而正是在强大的 ESG 生态系统的约束之下，各级政府（立法机关、监管机构）、市场主体（企业、交易所、评价机构、投资者），以及非营利性组织、智库和民众等，均会因我国低碳环保事业协力合作，不断推进"双碳"战略目标的实现。ESG 是新时代金融界投资的一大发展趋势，也十分符合我国"双碳"战略目标的可持续发展理念，两者相辅相成，可为我国生态建设做出巨大的贡献。

8.3　总结与展望

现如今，在"创新、协调、绿色、开放、共享"新发展理念的指导下，中国经济社会已经进入高质量、可持续发展的新阶段。与此同时，在新型冠状病毒肺炎疫情肆虐和"碳达峰、碳中和"的国家战略背景之下，可持续发展成为社会发展的一大主题。与之相契合的 ESG 理念迎来了历史的机遇期，也是当今社会经济发展的必然趋势。然而针对上述的挑战和机遇，ESG 在发展进程中仍需不断攻克难题，逐步提升我国 ESG 的建设水平。

（1）推出行业指引文件，出台信息披露标准。我国 ESG 的发展处于起步阶段，各项规章制度尚未完善，在推行进程中 ESG 信息披露以及 ESG 评价成为现阶段最为棘手的难题。由于 ESG 披露标准差异较大，且数据质量难以保证，我国的 ESG 评价结果在信度和效度上均饱受质疑。为解决以上问题，我国未来亟须在各行业中推行相应的指引文件。我国现行较为成熟的指引文件是关于保险业和纺织业的。如原中国保监会于 2015 年印发《关于保险业履行社会责任的指导意见》，要求保险公司参照国内外主流的社会责任报告编写标准，每年 4 月 30 日之前编制和发布上一年度企业社会责任报告；同时按照原中国保监会 2010 年发布的《保险公司信息披露管理办法》，要求保险公司在其官网披露公司治理概要信息。因此可以考虑在统一的宏观指引文件下，根据不同行业的特点，分行业制定相应的指引文件。另外，ESG 在我国的发展尚未成熟，因此可借助政府力量，由信息资源自愿披露逐步过渡到强制披露，同时借鉴国际经验，向国际主流 ESG 信息披露的标准看齐，在保证我国 ESG 数据披露标准统一的同时，未来可与国际 ESG 金融市场接轨。

（2）加强 ESG 相关组织建设。ESG 的发展首先需要强有力的领导组织发挥引领作用。建立强有力的权力机构、执行机构、监管机构、研究机构，加强组织之间的协同性与耦合性，多维发力，系统推进。权力机构负责制定 ESG 相关政策，引领 ESG 发展方向；执行机构负责贯彻落实；监管机构负责形成落实过程中的及时反馈机制；研究机构则提供 ESG 发展建设的基础性研究成果，各司其职，形成权力相互制约、行动相互促进的系统性组织体系。

（3）发挥后发优势，自上而下积极推动 ESG 的发展。我国的 ESG 发展总体上说后发于欧美经济体，其劣势主要体现在对于 ESG 理念的社会认知不深入，各主体尚无法全面发挥主观能动性，但是其优势也是很明显的，那就是可以利用后发优势，充分整合已有的全球性成果：一方面，积极融入全球 ESG 发展大势；另一方面，自主构建适合中国国情的 ESG 框架与标准，将中国文化与价值观内嵌其中。依靠强有力的组织构架，自上而下有效推动 ESG 发展进程，避免自下而上的盲目无效，吸取其他国家已有的经验与教训。

（4）横向有重点地推进 ESG 实践落实。从 ESG 推进范围来看，不能"眉毛胡子一把抓"，可以按照企业性质、企业规模逐步落实推进。由于 ESG 披露与 ESG 实践着眼于长期效果，短期内需要实施个体承担一定成本，盲目大范围铺开不现实也没有必要，甚至可能造成资源的浪费。可以选取能够承担初期成本，在管理运营上能更好实现 ESG 收益的企业，最好是一些有代表性的、有社会影响力的企业，由他们作为排头兵，牵引整个商业领域的 ESG 行动。制定短期、中期、长期规划目标，随着 ESG 发展的不断深入，逐步扩大 ESG 实施主体范围。

（5）纵向有步骤地推进可持续发展。从 ESG 推进步骤来看，不能一蹴而就，可以结合国家战略部署，如"2035 年远景目标"，重点突出地有序进行。"十四五"规划明确提出持续改善环境质量的重大任务，这是对我国生态文明建设以及生态环境保护形势的重要判断和立足满足人民日益增长的美好生活需要做出的重大战略部署。当前我国结构性、区域性污染问题突出，针对生产运营活动对空气、水源、土壤可能造成重大污染的企业以及相关区域可以制定更严格的标准。另外，"十四五"时期是我国跨越中等收入陷阱的关键阶段，也是各类社会风险易发多发阶段，高质量发展的内在需求要求化解风险隐患，在商业领域除了注重科学引导，还要加强内部人才激励和外部商业伦理建设，创造公平合理的商业环境，支持社会高质量发展。

（6）通过教育培训，全面普及 ESG 理念。我国 ESG 发展尚处于早期阶段，各市场参与者对于 ESG 的认知还不完备，对于 ESG 的内涵与外延的理解还不明确，甚至对于可持续发展相关概念的混用、错用情况普遍存在。例如，香港上海汇丰银行有限公司在 2018 年的研究中发现，中国多达 91% 的发行人进行了 ESG 融资，但仅有 38% 的投资者参与 ESG 投资。又如，长生生物因忽视了社会责任、内部治理存在重大缺陷，从而给社会带来了恶劣影响，最终被强制下市。因此可以利用 ESG 研究机构和教育机构针对 ESG 市场人才需求，制定人才培养方案、企业培训项目等，加强社会各方面主体对 ESG 的系统性认知。

参考文献

［1］ Bansal P, Roth K. Why Companies Go Green: A Model of Ecological Responsiveness ［J］. Academy of Management Journal, 2000, 43 (4): 717-736.

［2］ Bear S E, Rahman N, Post C. The Impact of Board Diversity and Gender Composition on Corporate Social Responsibility and Firm Reputation ［J］. Journal of Business Ethics, 2010, 97 (2): 207-221.

［3］ Bebchuk L, Cohen A, Ferrell A. What Matters in Corporate Governance? ［J］. Review of Financial Studies, 2009, 22 (2): 783-827.

［4］ Berrone P, Gomez-Mejia L R. Environmental Performance and Executive Compensation: An Integrated Agency-Institutional Perspective ［J］. Academy of Management Journal, 2009, 52 (1): 103-126.

［5］ Blair D J. The Framing of International Competitiveness in Canada's Climate Change Policy: Trade-off or Synergy? ［J］. Climate Policy, 2016, 17 (6): 764-780.

［6］ Brown L D, Caylor M L. Corporate Governance and Firm Valuation ［J］. Journal of Accounting & Public Policy, 2006, 25 (4): 409-434.

［7］ Brunnermeier S B, Cohen M A. Determinants of Environmental Innovation in US Manufacturing Industries ［J］. Journal of Environmental Economics and Management, 2003, 45 (2): 278-293.

［8］Carroll A B. The Pyramid of Corporate Social Responsibility：Toward the Moral Management of Organizational Stakeholders ［J］. Business Horizons，1991，34（4）：39-48.

［9］Cowton C. Playing by the Rules：Ethical Criteria at an Ethical Investment Fund ［J］. Business Ethics：A European Review，1999，8（1）：60-69.

［10］Cramer J. Company Learning about Corporate Social Responsibility ［J］. Business Strategy and the Environment，2005，14（4）：255-266.

［11］Dowling J，Preffer J. Organizational Legitimacy：Social Values and Organization Behavior ［J］. Pacific Sociological Review，1975，18（1）：122-136.

［12］Drumwright M. Socially Responsible Organizational Buying：Environmental Concern as a Noneconomic Buying Criterion ［J］. Journal of Marketing，1994，58（3）：1-19.

［13］Eccles R G，Lee L-E，Stroehle J C. The Social Origins of ESG？：An Analysis of Innovest and KLD ［J］. Organizaton & Environment，2019（1）：1-35.

［14］Epstein E M. The Corporate Social Policy Process：Beyond Business Ethics，Corporate Social Responsibility and Corporate Social Responsiveness ［J］. California Management Review，1987，29（3）：99-114.

［15］Fedorova A. One in Three European Equity Funds to Be Focused on ESG by 2030 ［EB/OL］. Investment Week ［2020-11-19］. https：//www. internationalinvestment. net/news/4006602/european-equity-funds-focused-esg-2030.

［16］Flammer C，Kacperczyk A. The Impact of Stakeholder Orientation on Innovation：Evidence from a Natural Experiment ［J］. Management Science，2016，62（1）：1982-2001.

［17］Frooman J. Socially Irresponsible and Illegal Behavior and Shareholder Wealth—A Meta-Analysis of Event Studies [J]. Business & Society, 1997, 36 (3): 221-249.

[18] Gompers P A, Ishii J L, Metrick A. Corporate Governance and Equity Prices [J]. The Quarterly Journal of Economics, 2003 (118): 107-156.

[19] Hamamoto M. Environmental Regulation and the Productivity of Japanese Manufacturing Industries [J]. Resource and Energy Economics, 2006, 28 (4): 299-312.

[20] Henisz W, Koller T, Nuttall R. Five Ways That ESG Creates Value [J]. McKinsey Quaterly, 2019 (11): 1-12.

[21] Henriques I, Sadorsky P. The Relationship between Environmental Commitment and Managerial Perceptions of Stakeholder Importance [J]. Academy of Management Journal, 1999, 42 (1): 87-99.

[22] Jaffe A B, Palmer K. Environment Regulation and Innovation: A Panel Data Study [J]. Review of Economics and Statistics, 1997, 79 (4): 610-619.

[23] Jones T M. Instrumental Stakeholder Theory: A Synthesis of Ethic and Economics [J]. Academy of Management Review, 1995, 20 (2): 404-437.

[24] Kemp R, Arundel A. Survey Indicators for Environmental Innovation [J]. IDEA Report, STEPGroup, Oslo, 1998 (9): 37-42.

[25] Lanjouw J O, Mody A. Innovation and the International Diffusion of Environmentally Responsive Technology [J]. Research Policy, 1996, 25 (4): 549-571.

[26] Lyon T P, Maxwell J W. Corporate Social Responsibility and the Environment: A Theoretical Perspective [J]. SSRN Electronic Journal, 2007, 2 (2): 240-260.

[27] Mazurkiewicz P, Devcomm-Sdo World Bank. Corporate Environmen-

tal Responsibility: Is A Common CSR Framework Possible? [R] . 2004.

[28] McGuire J W. Business and Society [M] . New York: McGraw-Hill, 1953.

[29] Mochizuki J. Assessing the Designs and Effectiveness of Japan's Emissions Trading Scheme [J] . Climate Policy, 2011, 11 (6): 1337-1349.

[30] Morningstar. ESG Investing Comes of Age [EB/OL] . Morningstar, https: //www. morningstar. com/features/esg-investing-history, 2020-11-19.

[31] Onkila T J. Corporate Argumentation for Acceptability: Reflections of Environmental Values and Stakeholder Relations in Corporate Environmental Statement [J] . Journal of Business Ethics, 2009, 87 (2): 285-298.

[32] Porter M E, Van Der Linde C. Toward a New Conception of the Environment-competitiveness Relationship [J] . Journal of Economic Perspectives, 1995, 9 (4): 97-118.

[33] Rajesh R, Rajendran C. Relating Environmental, Social, and Governance Scores and Sustainability Performances of Firms: An Empirical Analysis [J] . Business Strategy & The Environment, 2020, 29 (3): 1247-1267.

[34] Sethi S P. A Conceptual Framework for Environmental Analysis of Social Issues and Evaluation of Business Response Patterns [J] . Academy of Management Review, 1979 (1): 64-74.

[35] Sparkes R, Cowton C J. The Maturing of Socially Responsible Investment: A Review of the Developing Link with Corporate Social Responsibility [J] . Journal of Business Ethics, 2004, 52 (1): 45-57.

[36] Suchman M C. Managing Legitimacy: Strategic and Institutional Approaches [J] . Academy of Management Review, 1995, 20 (3): 571-610.

[37] 北京商道融绿咨询有限公司. 中国责任投资年度报告 2019 [R] . 2019.

[38] 陈宁, 孙飞. 国内外 ESG 体系发展比较和我国构建 ESG 体系的

建议 ［J］. 发展研究，2019（3）：59-64.

　　［39］冯根福，温军. 中国上市公司治理与企业技术创新关系的实证分析 ［J］. 中国工业经济，2008（7）：91-101.

　　［40］洪大用. 企业行为与绿色发展 ［J］. 广西民族大学学报（哲学社会科学版），2017，39（6）：86-89.

　　［41］胡家夫. 探索符合中国市场特质的 ESG 投资之路 ［J］. 董事会，2019（9）：32-35.

　　［42］环保部门和污染企业将被强制向社会公开环境信息 ［EB/OL］. 新华社，http：//www. gov. cn/jrzg/2007-04/25/content_596403. htm，2007-04-25.

　　［43］霍华德·R. 鲍恩. 商人的社会责任 ［M］. 肖红军，王晓光，周国银译. 李伟阳，郑若娟，陶野审校. 北京：经济管理出版社，2015.

　　［44］金融投资机构经营环境和策略课题组，闫伊铭，苏靖皓，杨振琦，田晓林. ESG 投资理念及应用前景展望 ［J］. 中国经济报告，2020（1）：68-76.

　　［45］李广宁. 基于合法性理论的环境信息披露研究 ［D］. 北京：中国地质大学硕士学位论文，2011.

　　［46］李婉红，毕克新，孙冰. 环境规制强度对污染密集行业绿色技术创新的影响研究——基于 2003—2010 年面板数据的实证检验 ［J］. 研究与发展管理，2013，25（6）：72-81.

　　［47］刘兴国. 中国版 ESG 评级应以高质量发展为目标 ［J］. 董事会，2020（4）：51-52.

　　［48］毛大庆. 环境政策与绿色计划——新加坡环境管理解析 ［J］. 生态经济，2006（7）：88-91+102.

　　［49］齐殿伟，孙明艳，张文公. 企业社会责任、企业文化与财务绩效 ［J］. 会计之友，2020（17）：74-80.

　　［50］钱龙海：加快顶层设计，推动我国 ESG 跨越式发展 ［EB/OL］. 新浪财经，https：//baijiahao. baidu. com/s? id = 1684687240058

809152&wfr＝spider&for＝pc，2021-02-28.

［51］邱牧远，殷红．生态文明建设背景下企业 ESG 表现与融资成本［J］．数量经济技术经济研究，2019（3）：108-123.

［52］商道融绿—北京绿色金融协会联合课题组．北京地区上市公司 ESG 绩效分析研究［R］.2019.

［53］社会价值投资联盟．研究｜全球 ESG 政策法规研究——新加坡篇［EB/OL］．https：//www. casvi. org/h-nd-1014. html#skeyword＝新加坡 &_ np＝0_ 35，2020-11-19.

［54］社会价值投资联盟．研究｜全球 ESG 政策法规研究——加拿大篇［EB/OL］．http：//www. 360doc. com/content/20/0710/21/68528936_ 923453186. shtml，2020-07-10.

［55］社会价值投资联盟．研究｜全球 ESG 政策法规研究——日本篇［EB/OL］．http：//www. 360doc. com/content/20/0618/08/68528936 _ 919114118. shtml，2020-06-18.

［56］社会价值投资联盟．研究｜全球 ESG 政策法规研究——香港篇［EB/OL］．https：//zhuanlan. zhihu. com/p/153155434，2020-07-02.

［57］斯蒂芬·P. 罗宾斯，玛丽·库尔特．管理学［M］．李原，孙健敏等译．北京：中国人民大学出版社，2012．

［58］屠光绍．ESG 责任投资的理念与实践（上）［J］．中国金融，2019（1）：13-16.

［59］王怀明，宋涛．我国上市公司社会责任与企业绩效的实证研究——来自上证 180 指数的经验证据［J］．南京师大学报（社会科学版），2007（2）：58-75.

［60］王倩倩．组织合法性视角下的企业自愿性社会责任信息披露研究［D］．沈阳：辽宁大学博士学位论文，2013.

［61］吴根柱，秦万信．钢丝绳生产过程中节能降耗与环境保护［J］．金属制品，2009，35（1）：47-51.

［62］香港金融管理局．香港金管局公布绿色金融举措　推进绿色及

可持续银行［EB/OL］.新浪财经，https：//finance. sina. com. cn/money/bank/bank_ hydt/2019-05-07/doc-i，2019-05-07.

［63］闫立东.我国 ESG 评价体系中环境评价应用的建议［J］.环境保护，2019，47（7）：45-48.

［64］杨皖苏，杨善林.中国情境下企业社会责任与财务绩效关系的实证研究——基于大、中小型上市公司的对比分析［J］.中国管理科学，2016，24（1）：143-150.

［65］殷格非.全球证券交易所力促 ESG 信息披露——基于 SSEI 伙伴交易所 ESG 指引的研究［J］.WTO 经济导刊，2018（12）：31-33.

［66］张爱卿，师奕.上市公司的社会责任绩效与个人投资者投资意向——基于财务绩效调节作用的一项实验研究［J］.经济管理，2018（2）：72-88.

［67］张驰，王鲜华，张平萍，侯韩芳，杨青.钢丝绳质量安全评价体系的构建及试点应用［J］.金属制品，2016，42（3）：53-58.

［68］张敏，林爱梅，魏麟欣.内部控制、公司治理结构与企业财务绩效［J］.财会通讯，2017（21）：75-79.

［69］《中国企业社会责任评价准则（CEEA-CSR2.0）》在京发布［EB/OL］.新华网，https：//baijiahao. baidu. com/s? id = 1673635563202917080&wfr=spider&for=pc，2020-07-30.

［70］中国工商银行绿色金融课题组，张红力，周月秋，殷红，马素红，杨荇，邱牧远，张静文.ESG 绿色评级及绿色指数研究［J］.金融论坛，2017（9）：3-14.

［71］中国人民银行，财政部，发展改革委，环境保护部，银监会，证监会，保监会七部委发布《关于构建绿色金融体系的指导意见》［EB/OL］.中华人民共和国生态环境部，http：//www. mee. gov. cn/gkml/hbb/gwy/201611/t20161124_ 368163. htm，2016-11-24.

［72］中国证券投资基金业协会，国务院发展研究中心金融研究所.中国上市公司 ESG 评价体系研究报告［R］.2018.

［73］中国证券投资基金业协会. 践行 ESG 投资　引领资本市场新趋势［N］. 中国证券报，2019-09-27.

［74］中国证券投资基金业协会. 绿色投资指引（试行）［S］. 2018.

［75］中国证券投资基金业协会. ESG 理论、政策与实践应当充分关注我国实际［EB/OL］. 蓝鲸财经，https：//www. financialnews. com. cn/zq/pevc/201911/t20191121_ 171897. html，2020-11-19.

［76］朱长春. 公司治理标准［M］. 北京：清华大学出版社，2014.